国家出版基金项目
NATIONAL PUBLICATION FOUNDATION

中国青少年
科学实验出版工程 **郭传杰** / 主编

U0321659

The Journey of Scientific Experiments

科学实验之旅

郭世杰◎编著

浙江教育出版社·杭州

　　1953 年，爱因斯坦在给加州一位朋友斯威策的回信中写道："西方科学发展是以两个伟大的成就为基础的，那就是希腊哲学家发明形式逻辑体系（在欧几里得几何学中）以及（在文艺复兴时期）发现通过系统的实验可以找出因果关系。"

　　科学实验与近现代科学是什么关系？爱因斯坦在这里做了十分明晰的回答：科学实验是科学发展的两大基石之一。考虑到爱因斯坦是一位纯粹从事理论研究的科学家，又考虑到这是他晚年所表达的观点，足见科学实验在科学发展历程中的基础地位是无可撼动的。

　　什么是科学实验？科学实验是指根据一定目的，运用一定的仪器、设备等物质手段，在人工控制的条件下，观察、研究自然现象及其规律性的科学实践形式。科学实验的范围和深度，随着科学技术的发展和社会的进步，在不断扩大和深化。

　　科学实验是发现科学现象、规律的重要途径。如果说在以前还有些新的自然现象或规律，不一定要通过严格的科学实验就可以发现的话，那么，在科学技术越来越发达的当今及未来，在各种极端条件下要发现自然界的新现象并进行研究，不通过复杂的科学实验是很难做到的。

科学实验是验证科学假说、理论模型的唯一可靠途径。正如费曼所说："实验是理论的试金石。任何科学的结论只能在科学实验验证之后才可能具有科学上的意义与权威。"

科学实验相对于科技创新，是基石，是"母亲"，是源泉，更是科学知识、科学方法、科学思想、科学精神的集大成者。在科学传播、科学普及越来越彰显其重大价值的时代，科学实验相对于科学传播，同样具有不可替代的作用。在新科技革命风起云涌的当今时代，科学传播的重点要逐步从传播知识向传播创新的思路和方法、科学的理念与精神转移，因此，科学实验在青少年的科学普及教育中，相较于单纯书本知识的灌输，其作用与地位就进一步凸显出来了。

科学实验的趣味与神奇是点燃青少年好奇心的圣火。好奇心是每个孩子与生俱来的。各学科不同的科学实验，那千变万化的颜色，那令人意想不到的实验结果，那进入科学实验室所看到的陌生景象、所听到的奇特声响，都是开启孩子好奇心、探究欲的钥匙。

科学实验的实践过程是培养青少年动手习惯的重要途径。良好的动手习惯和能力是科学人才必备的要求。从小培养孩子边观察、边思考、边动手的习惯，对他们的创新意识、创新能力的提升，是必经的一步。

然而，虽然我们大家都知道科学实验对青少年科学素养的提升有着巨大的价值，但是，综观国内科普产品市场，从科学实验角度对青少年进行科学传播的图书相对较少，更多的是对科学知识的介绍。即使有少数涉及科学实验的科普图书，也多是停留在实验方法介绍的层面。

有鉴于此，我院科学传播局联合浙江教育出版社，决定以中学生为主要读者群，出版一套科学实验丛书。丛书编撰者经过研究分析，确立了丛书的主旨、思路、框架与风格。呈现给读者的这套丛书，以"科学实验之旅""科学实验之功""科学实验之道""科学实验之美""科学实验之趣"为题,编为五册,为科学实验做一全景式扫描,从不同视角带给中学生关于科学实验的全谱式分享。丛书既注重包含科学实验全方位、各学科的前沿知识,厚今薄古,更注重科学实验中体现的科学方法、科学思想和科学精神;既有富于哲理的文字表述,又有丰富的案例故事,趣味盎然,情理交融,图文并茂,通俗易懂,期望能给广大青少年提供一道关于科学实验的美味大餐。当然,这是编撰出版者的初衷和目标,是否真的既营养丰富,又美味可口,要请读者自己品味一番。

　　丛书面世之际,编撰出版者邀我作序,于是写了上述文字,是为序。

中国科学院院长　白春礼

2019年8月

两年前,两位周先生——中国科学院科学传播局的周德进局长和浙江教育出版社的周俊总编辑——找我组织主编一套有关科学实验的科普书,主要读者定位于中学生。感佩于他们的诚意及敏锐眼光,我接受了这一邀约。于是,这套书的编撰出版就成了我们近两年来的一个牵挂。

伴随民族复兴大业突飞猛进的步伐,科学普及事业近年来越来越受到国家和社会的高度重视。放眼科普出版市场,一派兴隆火爆的气象,令人振奋。但是,在眼花缭乱的出版物中,关于科学实验的科普著作确实不多,即使有,也只是一些趣味实验类的操作介绍。

什么是科学实验?科学实验与人类的科学技术事业有什么关系?在科学技术发展的历史长河中,科学实验起过什么作用?又有哪些故事?这些内容,如果以中学生能够接受且通俗有趣的形式提供给他们,相信对他们提升基本科学素养会是不错的素材。

(一)科学实验是科学得以发生、发展的两大基石之一。这是爱因斯坦1953年提出的看法,在科学界获得了广泛的共识。他在《物理学进化》一书中还指出:“伽利略的发现以及他所应用的科学推理方法是人类思想史上最伟大的成就之一,而且标志着物理学的真正开端。”丁肇中在谈科学研究的体会时也说："实验是自然科学的基础，理论如果没有实验的证明，是没有意义的。"

爱因斯坦说科学实验是科学发展的基础，我想可以从两个角度去理解：一是科学实验是发现新的科学现象、科学知识的利器。我们都知道"水"，但是，如果不是200多年前普里斯特利、拉瓦锡等科学家连续40余年的实验探索，怎能知道这种重要的透明液体是由"两氢一氧"组成的？如果没有多种光谱仪器和相关的科学实验，仅靠人的眼睛感知，除了可见光波段以外，广阔丰富的电磁波谱就可能与人类生活的各种应用绝缘。二是科学实验是验证科学假说、创建科学理论的必需工具。科学的特点之一，是必须具有可重复性、可检验性。实证是科学的基石，在科学通向真理的路上，实验是首要条件。无论谁声称自己的理论如何完美自洽，没有科学的实验证据，都不足为信。科学实验是理论的最高权威。科学是实证科学，一个理论、一个现象如果不能通过实证检验，是必须被排除在科学大门之外的，它可能是伪科学，也可能是"不科学"。这就是科学的实证精神。正是因为有了科学的实证精神，科学才得以那么与众不同。科学实验是检验科学真理的唯一标准。依靠科学实验而不是依据个人权威去评判理论的是非对错，成了近现代科学与古代科学的分水岭，也为近现代科学的健康快速发展提供了强大的原动力。

但是，长期以来，在社会上有些人的心目中，理论、公式才是科学的"皇后"，实验不过是科学技术的"奴婢"，是服务于科学技术的工具而已。产生这种看法的原因，主要是对科学实验的意义和作用、科学实验在近现代科学技术发展历史进程中的实际地位缺乏基本认知。

另外，现代教育越来越重视科学教育，这是大时代发展的必然趋势。而科学教育的基本目的，我以为重点在于科学素质的培育，而不在于大量知识的灌输,尽管知识的增加也是必需的、重要的。科学素质的重要内涵是科学的方法、思想与精神。科学实验是科学家认识自然、探求真理的伟大社会实践,因此,实验的过程与结果饱含了科学技术最丰厚的内涵,包括新的知识,更包括科学家在实践过程中应用的科学方法,表现的思想态度,闪耀的团队光芒,体现的科学精神。这一切,恰恰是广大青少年提升科学素养的最好"食粮"。

基于以上认识,丛书编委会经过多次调研、讨论,达成共识,希望编写一套高水平的科学实验丛书,期待产品达到"四性""三引"的要求,即科学性、知识性、通俗性、趣味性,以及引人入胜、引人回味、引人向上。具体来说,第一,丛书要确保科学性与知识性,这是底线,科学性达不到要求,就会产生误导,对读者来讲,比零知识更糟糕。第二,要通俗、有趣,不仅通俗好懂,而且有趣有味,不说空话套话,不能味同嚼蜡,要通过大量实际的案例、故事,使之易读好读,图文并茂,雅俗共赏,引人入胜。第三,鉴于科学实验这样严肃宏大的内容主题,因此,应当体现科学史学、哲学、美学的结合,有较高的品位。第四,厚今薄古,既要有近现代科学实验发展的历史轨迹,更要体现科学技术、科学实验在当代的发展与前沿。当然,这些目标只是编撰者的自我要求与期待,能否达到,还得广大读者去评判。经过这些考虑之后,丛书编委会确定了丛书的基本框架,共包括《科学实验之旅》《科学实验之功》《科学实验之道》《科学实验之美》和《科学实验之趣》五册。这个框架是开放性的,根据今后发展及市场反应,也可能还有后续,这是后话。

（二）根据科学实验在科技发展中的源流、地位、功能以及面向中学生读者的科普定位,丛书确立了五册的框架,对各册的内容安排大致有如下考量。

《科学实验之旅》从历史发展的视角，主要通过重大的案例和科学事件，展现科学实验发展的基本源流和脉络，特别是让读者对在科学发展的里程碑时期起过关键作用的那些科学实验有所了解。本册以时序为主线，内容既有科学实验早期的源头，也有科学实验在当代的发展状况和对未来发展方向的前瞻。

《科学实验之功》以著名的科学实验为案例，展现科学实验对科学技术发展的重要贡献以及对人类文明进程的重大影响。科学技术是第一生产力，在近现代，它作为社会经济发展的基本原动力，厥功至伟。而科学技术的飞跃发展，每一步都离不开科学实验的鼎力支撑。

《科学实验之道》集中关注科学实验必须遵循的理念、规律、规范和方法。本册不拟对科学实验的具体流程、方法进行介绍，事实上，鉴于不同学科的实验方法千差万别，想在一本科普册子里全面阐释，实属不可能，也不必要。科学实验看似多样、直观，但其蕴含的深层哲理与大道规律却是有迹可循的。当然，本册并非只用枯燥、深奥的哲学语言与读者对话，而是通过生动的案例同青少年恳谈。

《科学实验之美》侧重于从美学视角来考察科学实验。科学求真，人文至善，科学与人文的融合处会绽放出地球上最美丽的花朵。科学实验之美，有着不同的形态，各样的色彩。实验设计的简洁美，实验过程的曲折美，实验结果的理想美，实验者的心灵美，通过一个个真实的案例故事，读者可以从不同的方位欣赏到科学实验带来的美，陶醉在科学、人文融合的场景之中。

《科学实验之趣》的作者主要是来自优秀中学的优秀教师。他们有着丰富的教育经验，了解中学生的兴趣点。兴趣和趣味是引导青少年走进科学之门的最好向导。曾经有调研者问不同学科、不同国籍的诺贝尔奖得主同一个问题:"您为什么能获得诺贝尔奖?"超过70%的受访者的回答是一样的,那就是"对科学的兴趣"。而科学的趣味虽然很多体现于理性的思考,但可能更多蕴含在科学实验的过程之中。本册作者在科技发展的历史长河中,按学科遴选出一批富有趣味的实验案例,将其奉献给莘莘学子阅读欣赏,想必对他们通过有趣的实验进一步探索、进入科学王国有所裨益。

上述各册在深入阐述各书主题时,都会遴选大量科学实验案例。因此,读者可能会想:会不会有案例重复引用的情况? 有,的确有。某些重要的科学实验的确有被不同作者重复引用的情形。虽然,丛书编委会期望各书作者尽量避免重复,也采用过交叉对照、相互协商等措施,但客观地说,完全避免是不可能的。不过,即使是同一个实验案例,在不同的书册中被引用时,角度、素材、内容也是不一样的,作者会围绕该册的主题去选材和表述,不会影响读者的阅读兴趣。

另外,我们要求每册图书必须在统一的框架下,有基本一致的装帧设计、基本一致的框架结构,以显示它们同属"中国青少年科学实验出版工程"丛书,便于读者识别、选择、阅读。与此同时,我们也容许不同作者有自己的写作风格,以免千篇一律,可以在统一的构架下,呈现各自的风格特点。读者选择时,既可以是整套一起,也可以根据自己的需求偏好,只选阅丛书中的一册或几册。

为方便读者在阅读过程中对某一实验进行进一步的追踪了解,作者、责编在一些章节的合适处,插入了链接,或加上了小贴士。同时,在丛书出版过程中,还配上了有趣的科学动漫,为纸媒出版物添上一对数字传媒的翅膀。这些技术、细节性的安排,目的是给广大读者多一点趣味和便捷。

（三）从这套丛书的接手编撰到即将付梓，过去了约两年的时光。其间，召开过7次编委、作者和出版者的联席研讨会。

几位作者从春夏到秋冬，以再学习、深探究的态度，反复修改润色，花费了大量的精力和时间；出版方更是自始至终参与其中，事无巨细，指导支持。两年来，虽然殚精竭虑，笔耕劳苦，但整个团队所有成员都觉得有付出、有收获，心情畅快，合作开心。忘不了研讨会上面红耳赤的热烈争辩，以科学的态度编撰科学实验丛书是我们的共识，也让我们受到一次次科学精神的洗礼；忘不了在重庆江津中学、浙江淳安中学短暂而愉快的时光，校长、师生们对丛书的要求和真知灼见，为丛书的成功编撰增添了一层层厚实的底色。

这套丛书还没问世，就已经受到了学界和社会的关怀与期盼。中国科学院院长白春礼院士为丛书欣然作序。丛书还得到了中国科学院院士刘嘉麒、林群等先生的推荐，并且列入了2019年度国家出版基金项目。

在丛书即将面世的此时此刻，作为主编，本人的心情是复杂的。一方面，我们从一开始就确实怀有一个愿望——做一套关于科学实验的优秀科普书献给中学生及有兴趣的读者，自始至终也为实现这个愿望在做努力，在它正式与读者见面之前，内心怀有一丝激动和些许期待。另一方面，它到底能不能受到读者的欢迎，能不能装进他们的书包、摆上他们的案头，我们心中并没有十分的底数，心情忐忑。不过，媳妇再丑总是要见公婆的，书籍终究是给读者阅读并由读者评点的。我们唯抱诚恳之心，请读者浏览阅读之后，提出指正意见。

郭传杰

2019年9月

序言

　　畅销书《万物简史》的作者比尔·布莱森在说到他写作的缘起时，曾追溯到某本书里一幅插图带给他的震撼。而我能够写作这本书，想来也和个人成长经历有一定关系。小时候，家中有比较丰富的藏书，我曾经是一名如饥似渴的读者。我较早地阅读了《十万个为什么》系列图书，连续多年收听中央人民广播电台每天早晨六点钟的《科学知识》节目，而且从小喜欢打破砂锅问到底。

　　我常与人说，自己是从事科学教育的，而科学离不开科学实验，科学实验是科学发展的两大基石之一。对科学实验的关注，是实验室传统的一种延续，是对实验精神的传承，是科学文化的一部分。

　　本书选择了四十多个实验向读者介绍。这些实验条目是如何被选出来的？我参考了一些可以借鉴的图书，也参考了教科书。为了使内容更加通俗、可读性更强，我在写作过程中曾与中学生沟通，也曾将书稿与非专业人士分享。本书的很多实验案例是相关学者赖以成名的经典案例，也是很多经典教材中的重要内容，其中有一些实验本身就有不止一本专著对其进行讨论研究，而限于读者对象和篇幅，本书挂一漏万，在所难免。

　　古人云，山阴道上行，千岩竞秀，万壑争流，令人目不暇接。科学实验之旅也应该是这样。这个过程既是在寻求科学秘密的密码,也是探索科学发现与技术发明的源头。我想告诉小读者,类似傅科摆的创设不是凭空的奇思妙想。我只是一个导游,更多发现还有待读者。

我希望小读者们在读了这本书后,有机会的话,不妨把其中的部分实验自己做一遍,若有机会到国外研学旅行,也可以去这些实验当初发生的地方感受一下。

是为序。

目　录

第1章
科学实验的萌芽

第2章
以实验为基础的近代科学的诞生

第3章

工业革命中的科学实验

第4章

科学实验与科学的世纪

第5章

科学实验促进以科学为基础的技术的兴起

第6章

科学实验探究宇宙的奥秘

第7章

科学实验追寻生命的奥秘

第8章

科学实验——高技术时代的发动机

第9章

科学实验在中国

第10章

无尽的旅程

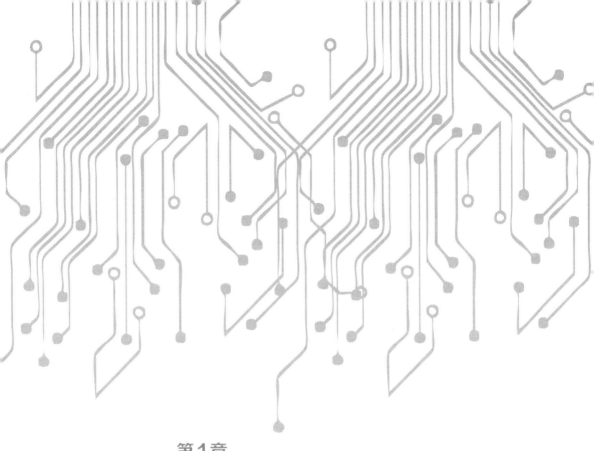

第1章

科学实验的萌芽

阿基米德的浮力实验

阿基米德是古希腊最伟大的科学家之一，也是西方科学的奠基人之一。阿基米德揭开皇冠问题之谜的传说成了科学发现的一个象征，今天，阿基米德仍是许多致力于科学素质推广的人士的灵感之源。

阿基米德是很多科学领域的先驱，从其工作的基本精神来看，阿基米德可被定位为一位几何学家，因为他的研究焦点以及他最精妙的发现，都与几何形体的度量，即其长度、面积、体积密切相关。他

图1-1 阿基米德像

留下愿望：自己的墓碑上要刻一个被外切圆柱体包围的球体，以纪念他的发现——这两个形体的表面积之比与体积之比都是3∶2。这个比例对他是那么重要，因为它决定于"球面面积为4π乘以半径平方"这一重大发现，而他对自己一生工作的衡量也就尽显于此了。阿基米德的某些数学理论非常复杂，在今天也只有少数专家才能看得懂。

阿基米德留下了11部传世作品，包括属于数学领域的9部作品和分别属于静力学、水力学领域的2部作品。此外，他的作品中已失传的也有七八部之

多。这些作品都是原创性的论文或者专著，多半篇幅简短，题材也高度专业。它们基本上仍然跟随欧几里得《几何原本》的形式，即以定义和假设为起点，然后列出若干作为主要结果的命题，每一命题下面附以证明。

　　阿基米德作品全集的权威英译本是由英国学者希斯爵士翻译和注释的，希斯在书前附加了长篇导言。除此之外，希斯对阿基米德的生平、工作和著作做了详细阐述和讨论。

　　阿基米德浮力定律是为了解决"金质王冠中是否掺入了银子"这一难题而被发现的。相传，当这位贤哲正在洗澡时，他的头脑中突然闪现出解决这个问题的正确方法。他立刻从澡盆跳出，边跑边喊："我找到了答案！"他分别用和王冠质量相同的一块金子与一块银子作为辅助，解决了这个难题。

　　关于阿基米德的人生结局，也有一个传说。公元前212年，当一名参与攻陷叙拉古的罗马士兵偶然发现他时，他正全神贯注地思考画在地上的几何图形。阿基米德向士兵大喊："让开！"结果这个士兵就把阿基米德杀害了。

图 1-2　阿基米德之死

阿基米德在力学方面的成就，也许比他在几何学方面的成就更卓越，他创造了理论力学的两个分支——静力学和水力学。他有两部力学专著留传至今，即《平面图形的平衡》和《论浮体》，这两部专著的写作都采用了欧几里得的风格，各自分为两卷，篇幅也差不多相同（一部是50页，另一部是48页）。阿基米德的写作方式是从定义或公设开始，并以此为基础，用几何学方法证明了许多命题。

埃拉托色尼测地球最大截面圆周长

远在古代，各个文明的先贤就对他们置身其中的宇宙惊叹不已。带着对洞悉万物的强烈渴望，他们开始了对宇宙的早期探索。古希腊人根据月食现象，推测出大地是球体，而如何测量地球最大截面圆的周长则是当时不少学者希望解决的问题。

被后人称为"地理学之父"的埃拉托色尼是古代亚历山大图书馆馆长，他生活在公元前3世纪下半叶，是一名数学家、天文学家和地理学家。埃拉托色尼曾设计出一个巧妙的方法来测量地球最大截面圆周长。他根据在北半球夏至日的中午塞恩古城直立物没有影子的现象，结合对古希腊人地圆说的认识，通过观察亚历山大城中观测到的太阳的角度，并基于当时已知的塞恩古城与亚历山大城的距离，对地球的最大截面圆周长做出了一个合理的估计。这个估计的结果达到了惊人的准确度——非常接近于今天通过各种现代方法得到的测量结果。

埃拉托色尼所处的古希腊文明属于海洋文明。自小或长期在海边生活的人,与长期在内陆生活的人,关于地球的想法可能不太一样,他们往往自然而然地产生一些疑问,例如:海的那一边是什么？海的尽头在哪里？为什么地球是个球体？等等。

不同文化背景的人,对于"地球是个球体"这件事,了解的过程往往不同。在古希腊,关于大地是球形结构的认识,最早似乎产生于毕达哥拉斯学派,并通过柏拉图及其包括亚里士多德在内的支持者的工作而得到了普及。当时,这一判断的主要依据是月食现象。

一旦球形大地的概念被人们接受,从逻辑上来讲,下一步工作就是对其进行测量。埃拉托色尼不是第一个测量计算地球最大截面圆周长的人,这一荣誉应归属尼多斯的欧多克斯(逝世于约公元前355年)。

但埃拉托色尼是一个善于利用图书馆的天才,他充分利用亚历山大图书馆的资料,运用天文学、几何学的最新方法,对地球进行了一次新的测量,并因此著成了《对地球大小的修正》一书。

在埃及南部城市塞恩城,可以观察到一个奇特的现象:一年中只有一天,正午时阳光可以直接射入深井,高大的圆柱没有影子,这一天就是夏至日。有人向亚历山大图书馆报告过这一现象,埃拉托色尼对此极感兴趣,因为在亚历山大城就没有这种现象,一年中任何一天,太阳都不会出现在城市的正上方。为什么这种现象只能出现在某些地方呢?(当时人们发现,只要是在塞恩城以北的地方,太阳就不会出现在头顶正上方。)埃拉托色尼画了一些几何图形,找到两种可能的解释。一种可能性是太阳距离地球很近,于是放射状地产生了影子,在每个地方影子的方向都不同;另一种可能性是太阳距离地球很远,但是地球表面本身是弯曲的,所以在不同的地方影子的方向不同。

如今,我们知道,在春分日和秋分日,立于赤道上的某一点,会发现正午的太阳出现在头顶正上方。存在类似现象的另外两个"环"分别是北回归线和南回归线:在夏至日,立于北回归线上的一点,会看到正午的太阳出现在头顶正上方;而在冬至日,立于南回归线上会发现同样的现象。古代的塞恩城恰好坐落在北回归线上(有误差),而亚历山大城则位于塞恩城以北。

希腊人曾根据月食现象推测出大地是球体,这个结论已经被埃拉托色尼所熟知,所以他认为只有第二个可能(地球表面是弯曲的)可以接受。由此,埃拉托色尼设计出一个测量地球尺寸的天才构想。

埃拉托色尼认为:直立物的影子是由亚历山大城的阳光与直立物之间的夹角所造成的。从地球是圆球体和光线沿直线传播这两个前提出发,从假想的地心向塞恩城和亚历山大城引两条直线,其中的夹角应等于亚历山大城的阳光光线与直立物(铅直线)形成的夹角。按照相似三角形的比例关系,已知两地之间的距离,便能测得地球的最大截面圆周长。

埃拉托色尼假设塞恩城和亚历山大城位于同一条经线上,且来自太阳的光线是平行的;直线与平行线相交产生的内错角相等,而相等的角对应的弧相似。

那么塞恩城与亚历山大城的相对位置如何?埃拉托色尼当时认为塞恩城在亚历山大城的正南方(与实际情况有300千米左右的误差),并认为塞恩城位于北回归线上(与实际情况误差约70千米)。这两个误差结合在一起的结果恰好抵消了部分影响。

埃拉托色尼根据太阳的光线在不同的地方照射的角度不一样这一现象,推断地球的表面是一个曲面。借助一些简单的几何工具,埃拉托色尼测得亚历山大城的阳光倾斜的角度为7.2度,也就是360度圆周的1/50。知道了两地的距离之后,他计算出地球最大截面圆的周长是两地距离的50倍。当时测定的从塞恩城到亚历山大城的距离为5 000希腊里①。通过他先前的推理,这个数字即为地球最大截面圆周长的1/50。假设地球是完美的球形,那么5 000希腊里乘

---

① 希腊里:古代长度单位。按古雅典实行的标准,1希腊里约等于185米;按古埃及实行的标准,1希腊里约等于157.5米。埃拉托色尼采用的是古雅典的标准。——编者注

以50的结果——250 000希腊里（约46 250千米），即为地球最大截面圆的周长。

埃拉托色尼测量值的准确度如何，受到他所使用的古代测量单位转换成现代单位时的误差大小以及其他一些因素的影响。埃拉托色尼测量出的地球最大截面圆周长与其实际周长之差在200英里（约322千米）以内，误差比例在个位数百分比范围内。

小孔成像实验

小孔成像现象过去在西方被认为是公元11世纪阿拉伯科学家的发现。经过近现代许多学者的研究，学界普遍认为公元前3世纪《墨经》中关于小孔成像实验的记述，是世界上最早的相关记载，也是古代实验科学的样板。在西方，利用小孔成像而制作的暗箱，在西方艺术史上扮演了重要角色，而当摄影术发明后，小孔成像在现代摄影器材的演化中也发挥了作用，例如针孔相机的发明。今天，在很多摄影教材中，仍然会提到小孔成像。

成书于公元前3世纪的《墨经》一书是战国时期墨家的典籍，《墨经》全文五千余字，多数是逻辑学的知识。经过近现代许多学者的研究，人们发现《墨经》关于自然科学方面的论述中，多处涉及光学，另外还有涉及力学、数学等方面的内容。该书记载了光的直线前进、光的反射，以及平面镜、凹面镜、凸面镜的成像现象。

20世纪30年代，训诂或释注《墨经》光学者硕果累累。梁启超的《墨经校释》是近代首次将《墨经》的价值独立于其他古籍进行阐释的力作。

受梁启超启发，1941年，物理学家钱临照以其深厚的国学根底撰写了《释墨

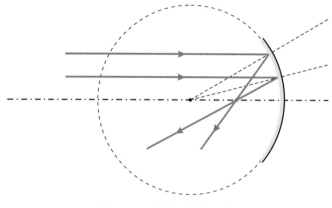

图1-3　凹面镜反射平行光

经中光学力学诸条》,开创了训诂与格物并举的新局面,也奠定了研究《墨经》的科学基础。

《墨经》中对小孔成像实验的记载见于《经下》《经说下》,原文如下:

《经下》:景到,在午有端与景长,说在端。

《经说下》:景光之人煦若射。下者之人也高,高者之人也下。足蔽下光,故成景于上;首蔽上光,故成景于下。在远近有端与于光,故景库内也。

清末以来,多数研究者认为,这些文字描述的是小孔成像实验,但研究者对某些字、词的释义各不相同。

《经下》中"到"字即"倒"。"午"原意为"一纵一横",形容交错着的光线。"端"即点:方孝博认为是指暗匣小孔,钱临照认为是指光线经小孔后所成之光束,还有人认为是指以小孔为顶点的光锥。

《经说下》文中三个"之"字,均作"至"解。三个"人"字,多数学者认为无误;也有人以为应改为"入",形近而误。"煦"即照。"景库内"的"库"字,一种解释为"倒"之意。

《经下》文大意是:在小孔暗匣里所成的像是倒像。光线相交而过小孔;小孔与匣内屏的距离、小孔与物(或人)的距离与像的大小变化具有相关性,而且孔愈小，像愈清晰。

《经说下》文做了进一步解释和补充：光线照人就像射箭一样笔直飞快，所谓"光之人煦若射"。如小孔成像实验示意图中，光发自下 B 者，经孔 O 而向高处，成 OB'；发自上 A 者之光，经孔 O 而向低处，成 OA'。故云"下者之人也高，高者之人也下"。人或物 AB 在匣内成倒像，即 B'A'，故云"景库内"。

这是历史上关于针孔成像实验的首次记载，对此学术界意见一致，但是对于本条《墨经》文字所说的"景"，究竟是指"像"还是"影"，存在着不同的看法。一类意见认为是"影"，另一类意见认为成像和成影两种情形都可能发生。"当人向着小孔站立时，若光源从人体的对面照射，所成的就是像；若光源从人体的后面照射，所成的就是影。"

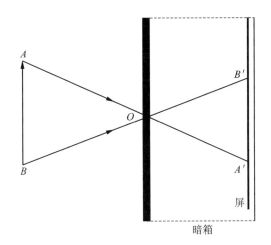

图 1-4　小孔成像实验示意图

需要指出的是，本条《墨经》文字不仅描述了小孔成像的情形，而且指出了光线的直线行进性质。将光线行进喻为"若射（箭）"，而战国时期"飞矢之疾"在人们心目中是极快的速度。因此，钱临照认为，这其中还包含"光速很大"的初始概念。

在西方历史上,借助安装有凸透镜的暗箱,画家能将人的影像投射到一个平面上。之后,画家借助这个投影绘制人像,就会更加准确。正是利用这样的画法,画家使画面的透视关系变得更加合理,例如处理近处人与远处人的大小比例时。

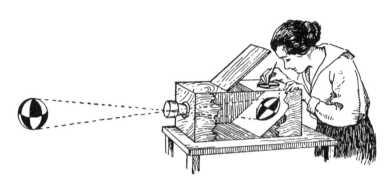

图1-5 西方绘画的辅助工具——暗箱

从一百多年前摄影技术刚被发明时起,相机的成像结构就都遵循着小孔成像原理。由于小孔成像原理,景物原像透过有针孔的暗箱时会在其内部的平面上产生一个左右相反、上下颠倒的影像。如果在暗箱中和进光点相对应的位置安放一个可以保存影像的胶片或感光元件,这个暗箱也就成了一台照相机。暗箱针孔的大小和针孔开启的时长共同决定着进入暗箱的光量。

如果仅是如此简单的构造,当然不会得到满意的影像,究其原因有二:一是由光线经过小孔而简单拍摄出的影像通常非常不清晰;二是小孔很难灵活控制进光量。所以,后来人们在暗盒前又增加了镜头这个部件,通过光圈来控制进光量,并通过焦距来控制影像的范围。

图1-6　相机镜头

微信扫码

看科学实验小视频高效学习
添加学习助手获取服务

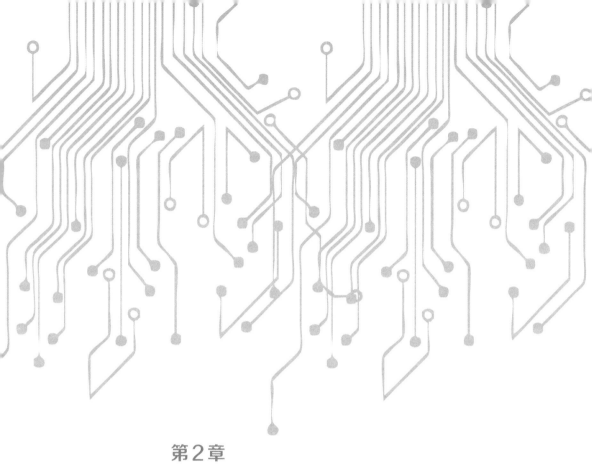

第 2 章

以实验为基础的近代科学的诞生

培根和《新工具》

培根被誉为"整个实验科学的真正始祖"。在那个时代诸多新发现的鼓舞下,培根开始了宏大的写作计划。1620年出版的《新工具》一书,是培根阐述科学方法论的主要著作。四种幻象说是培根对传统学术弊病的形象概括。培根希望找出同时代学者的理论缺陷,制定寻找科学研究新方法的计划,并通过这些新方法带来真正的知识和实用的结果。为了验证冷藏对防止肉类腐烂的效果,培根进行了用雪填塞小鸡肚子的实验,结果受了风寒而去世,可以说是以生命践行了他对科学实验精神的提倡。在他去世后出版的《新大西岛》,促进了科学的建制化。

图2-1 弗朗西斯·培根

1561年,即距今四百五十多年前,被马克思称为"整个实验科学真正始祖"的弗朗西斯·培根出生在英国首都伦敦泰晤士河边滨河大道上的一所大房子里。培根是贵族出身,他的父亲老培根爵士是当时英国女王的内务总管(掌玺大臣)。培根与莎士比亚是同时代人。

1592年,培根在给一个友人写信的时候,表达了自己把一切知识纳入研究范畴的想法。可能就是在那个时候,培根已经初步完成了其极具想象力的、宏大的《伟大的复兴》纲要。

1610年,他写了《新大西岛》。这本书在他死后才出版。在这本书里,他那些有关科学研究的有组织性的表达已经极具影响力,(思想高度)超出了他所在的那个时代。培根后来遭人构陷,结束了自己的政治生涯。他一生中的最后五年在退隐中度过,致力于学术研究和著述工作。

培根的《新工具》,一般被认为是他所有著作中最重要的一本。

在1620年出版的《新工具》拉丁文版中,扉页上有一幅图,画的是一艘张满帆的船驶过旧世界的尽头"海格立斯柱"而进入大西洋探寻新世界。培根显然志在成为"新的理智世界"的哥伦布。

在《新工具》中,培根将传统学术的毛病用四种幻象的比喻概括出来。培根指出,为了获得真正的且富有成果的知识,需要做到两件事情,即摆脱成见和采取正确的探索方法。

关于摆脱成见,培根坚持认为,一切科学知识都必须从不带偏见的观察开始,但是人的心灵像"一面魔镜",一面给出虚假反映而不是正确映象的镜子。培根认为,这些失真是由于某种遮住人的心灵的成见或"假相"(即幻影或幻象)所导致的。培根列举了四种类型的成见,分别为"种族假相""洞穴假相""市场假相"和"剧场假相"。

培根断言:"根据我的判断,一切公认的(哲学)体系都只不过是许多舞台上的戏剧,在按照一种不真实的布景方式来表现它们自己所创造的世界罢了。"

培根指出:科学家必须从其心灵中清除掉这四种"假相"。

至于采取正确的探索方法,培根则坚信应把经验主义和理性主义、仔细的观察和正确的推理结合起来。

培根形象地把单纯的经验主义者比作蚂蚁,把先验的理性主义者比作蜘蛛,而把正确的科学家比作蜜蜂。"实验家像蚂蚁,只知采集和利用;推理家犹如蜘蛛,用自己的物质编织蜘蛛网;蜜蜂走中间路线——从花园和田野里的花

图2-2 《新工具》

朵中采集原料,但用自己的力量来变革和处理这原料。"这是在《新工具》中,培根关于做学问的三种比喻。

培根的方法论的主要内涵是:科学方法必须从系统的观察和实验开始,达到普遍性有限真理,再从这些真理出发,通过逐次归纳,实现更为全面的概括。

在某些方面,他自称很像普林尼(普林尼为了观察火山而死),他认为自己是科学好奇心的殉道者。1626年4月,他在进行一次通过用雪填塞小鸡肚子来观察冷藏对防止肉类腐烂的效果的实验中,受了风寒,后因此病去世。

伽利略的斜面实验

伽利略是伟大的物理学家,也是近代实验科学的开拓者。他为近代实验科学的建立奠定了基石,给出了科学研究的基本要素,开科学实验之先河。伽利略最著名的科学实验之一是斜面运动实验,通过对斜面运动的研究,伽利略用观察和实验的方法推翻了亚里士多德的有关理论。伽利略的斜面运动实验记载在1638年出版的《两种新科学的对话》中,这部著作的出版,奠定了伽利略作为近代力学创始人的地位。爱因斯坦认为伽利略的发现以及他所应用的科学推理方法,是人类思想史上最伟大的成就之一,而且标志着物理学的真正开端。

伽利略是意大利文艺复兴后期伟大的物理学家,也是近代实验科学的开拓者。

1564年2月15日,伽利略出生于意大利西部海岸的比萨城。伽利略从小就受到了良好的家庭教育,像他父亲一样不迷信权威。17岁时,他遵从父命进入比萨大学学医,可是他对医学学习兴致索然,反而常常在课外听家中世交、当时的著名学者里奇讲述欧几里得几何学和阿基米德静力学,并产生了浓厚兴趣。

作为帕多瓦的城市骄傲之一,帕多瓦大学创建于13世纪,以自由的研究风气而闻名,哥白尼、哈维等曾在此学习。1592年至1610年,伽利略曾经在这里任教。伽利略在帕多瓦大学工作的18年,是他一生中的黄金时代。最初,他把主要精力放在一直感兴趣的力学研究方面,发现了重要的物理现象——物体运动的惯性;他做过有名的斜面实验,总结了物体下落的距离与所经过的时间之间的数量关系;他还研究了炮弹的运动,奠定了抛物线理论的基础;而加速度这个概念,也是他第一个明确提出的。伽利略是近代实验科学的开拓者,为近代科学的建立奠定了基石。

图2-3 伽利略斜面实验

伽利略在1638年出版的名著《两种新科学的对话》中,详细描述了他做过的斜面实验。他写道:"取一根长约12库比(1库比≈45.7厘米)、宽约0.5库比、厚约三指的木板,在其边缘上刻一条一指多宽的槽。槽非常平直并经过打磨,我们在直槽上贴羊皮纸,使之尽可能平滑。我们将木板的一头抬高一二库比,使之略呈倾斜,然后让一个非常圆的、硬的光滑黄铜球沿槽滚下,并且测量下降所需的时间。我们不止一次地重复这个实验,使两次观测所得时间相差不超过脉搏跳动间隔时间的十分之一。做过这一步并判定其可靠性之后,再让铜球只滚槽长四分之一的距离,测其下降时间,发现它精确地等于先前的一半。接下去试验其他距离——全程的一半、五分之二、四分之三或任一分值距离。这样的实验整整重复了100次,发现铜球经过的距离与时间的平方总成正比,并且在槽板处于各种斜度的情况下都保持这样的关系。"

"为了测量时间,把一只盛水的大容器置于高处,在容器底部焊上一根口径很细的管子,用小杯子收集每次下降时由细管流出的水,然后用极精密的天平称水的质量,这些水的质量的差值和比值就给出了时间的差值和比值。实验精确度如此之高,以至于被重复许多遍后,结果都没有明显的差别……"

实验方法的含义通常是指在精心控制现象发生的条件下,对现象进行感知和测量的方法。它是科学实践和科学认识的重要形式,是获取信息和检验科学假说、科学理论的基本手段。由观察到实验,或由单纯观察到实验观察,是科学实践发展中的一次质的飞跃。在实验中,对于现象的发生,可以实现严密的控制和任意的重复;除了选择典型的实验对象和环境条件以外,还可以利用纯化、简化、强化、弱化、模拟等实验手段,创造出某种典型的、纯粹的、极端的自然过程和环境条件,以排除次要因素的影响和干扰。

伽利略的斜面实验对实验条件进行了最大可能的完善:平面被磨过了,金属球是光滑的;为了简化研究工作并接触问题的本质,他略去了摩擦力之类次要因素;然后,他对数据进行了数学上的分析,并用进一步的实验来验证自己的假设。他以这种方法所获得的知识,不但适用于个别物体的运动,更普遍适用于一切在重力作用下下落的物体的运动。这种标志着今日科学特点的数学实

图2-4 伽利略

验方法,在伽利略手里成熟了。伽利略得出结论说,在不计空气阻力的情况下,所有从同一高度同时放开的物体,下落情况是相同的。

伽利略尝试为他的实验建立一个理想的环境,在此环境里,真正重要的变量是速度、时间和距离。在他所能利用的技术允许的范围内,他试图消除像摩擦力这样的因素。通过证明改变斜面的角度不会影响实验结果,他证实斜面的角度是无关紧要的,就是说,落体的速度与它下落的时间的平方成比例;接着,他画了一张表格来说明这里包含的数学关系。通过简化环境、重复试验、精心测量以及数学分析,伽利略已经开始发现空间位移的定律。

这个实验设计得何等巧妙啊!许多年来,人们都确信伽利略就是按他所述的方案做的。历史博物馆中还陈列着据说是伽利略当年用过的斜槽和铜球。不管人们怎样看待伽利略的工作,他对现代科学所做出的巨大贡献是无可否认的。伽利略是最早运用我们今天所称的科学方法的人,这种方法强调以实验和观察的形式探究经验与理论/假说之间的相互作用。可以说,伽利略是近代科学的奠基者。

牛顿的色散实验

牛顿如今已经成为科学天才的象征,我们甚至很难想象,在1672年发表开创性的光学论文之前,他在剑桥大学之外几乎不为人所知。历代学者根据陆续发现的证据,不断追踪牛顿当时取得重大发现的过程,不断地对他的思维来源、实验智慧和性格进行新的分析。一方面,牛顿被认为是一个极其理性的科学家和历史学家;另一方面,研究者又常常对他关于炼金术的研究手稿感到震惊。牛顿关于光学的研究,最为著名的是用棱镜对光的色散的实验研究,它解开了光的颜色之谜,是近代光学的奠基实验。爱因斯坦曾说,通过阅读《光学》这本书,可以重温伟大的牛顿在他青年时代所经历过的那些奇妙事件。

雨后天空中的彩虹是如此之美,那么彩虹为什么有这些美丽的颜色呢?追溯这个问题的解答过程,就要回到三百多年前牛顿所在的那个时代。牛顿除了在力学方面的伟大成就之外,在光学方面也做了很多奠基性工作,其中最为著名的就是用棱镜对光的色散的实验研究,而自然界中最常见的色散现象就是彩虹。

很多人喜欢看英国广播电视公司(BBC)制作的、由剑桥大学科学史系的谢弗教授担任解说的四集纪录片《光的故事》。这一纪录片对人类认识光的历程有深入的讲述,其中就包括牛顿的光的色散实验。

1660年,牛顿来到剑桥大学求学时,就开始对光学问题产生兴趣,他把光学视为神圣的科学。1664年,牛顿开始研究光的颜色和视觉问题。

图2-5 彩虹

在现存的一份牛顿任剑桥大学卢卡斯数学教授时所创作的光学讲座手稿中,有一幅插图,展示了使用两个三棱镜来进行实验的早期方案。

"我把我的房间弄暗,在窗板上钻一个小孔,让适量的日光进来,再把棱镜放在日光入口处,于是日光被折射到对面墙上。当看到由此而产生的鲜艳而又强烈的色彩时,我起先感到是一件赏心悦目的乐事。可是当我过一会儿更仔细地观察时,我感到吃惊,它们竟呈长椭圆的形状,而按照公认的折射定律,我曾预期它是圆形的。"

当棱镜以最小的偏向放置时,牛顿发现,椭圆形光谱的长轴长度约是光束未被折射时投出的圆形光斑的直径长度的5倍。他思考了各种解释,比如光也许由于玻璃形状不规则而被散射了,但若真是这样,则第二个倒置的棱镜理应全部中和了第一个棱镜的散射效应。他又设想,光线可能在折射后走曲线路径,但结果发现并非如此。牛顿最后把若干种颜色逐一隔离起来,这样,当用第二个棱镜折射每束光线时,他发现这几种颜色表现出不同的折射量。牛顿套用培根的说法,把这个实验称为他的判决实验。

后来,他又做了个补充实验:先让光经过一个棱镜,折射后能够在墙上形成一条竖直的色带,然后让光通过第二个棱镜,后者的轴垂直于第一个棱镜的轴。第二次折射并未使总的色带增宽,但光谱变得倾斜了,在第一个棱镜中折射角较大的颜色,在第二个棱镜中折射角也较大。

到底是三棱镜把白光变成了彩色,还是白光本身就是由彩色光组成的呢?牛顿得出的结论是:日光和一般的白光都是由各种颜色的光线组成的,这些颜色是这光的"原始的偕与俱来的性质",而不是棱镜造成的。

如果事实如同牛顿的设想,即如果白光本身由不同颜色的光线混合而成,那么经过第二次折射后,光线的颜色应该保持不变,而这就是牛顿在实验中所观察到的情况。由此,牛顿断定,每一种类的光线都有特定的折射率。1672年,当牛顿第一次把这些结果提交给伦敦皇家学会时,他声称发现了三棱镜光学现象的真正原因:白色光是由有着不同折射率的多种光线所组成的。

尽管当时的人们在判定这个判决性实验的性质时面临了巨大的挑战,但他们还是针对牛顿在主要问题上的主张——这个实验确立了什么,它如何确立了一个光学理论,以及由此确立的理论有着怎样的确定性——提出了实质性的责难。其原因可能是牛顿在他于17世纪70年代初期送交伦敦皇家学会的、关于其三棱镜工作的报告中,只提供了有关操作及详情的最粗略的描述。虽然这些实验被认为是决定性的,但这些实验的报告却远远不够详尽。同时,牛顿也承认他在报告实验时采取了相当程式化的做法。

爱因斯坦曾说:"幸运的牛顿,幸福的科学童年! 谁要是拥有时间和宁静,谁就能通过阅读《光学》这本书,重温伟大的牛顿在他青年时代所经历过的那些奇妙事件。"

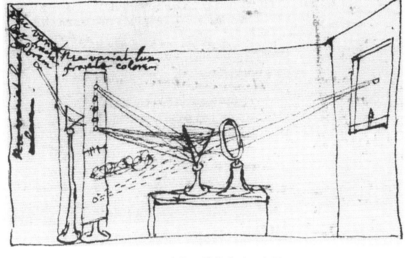

图 2-6　牛顿三棱镜实验示意图

哈维的血液循环实验

23

　　在 17 世纪的欧洲,大多数医生和哲学家都接受盖伦关于血液运动和心脏工作的古老思想与观念。作为国王的私人医生和接受过良好医学教育的人,哈维可能是当时英国乃至整个欧洲最杰出的医生了,但他长期以来对当时医学界所拥护的许多观点的正确性表示怀疑,而只接受那些被重复实验证据所支持的观点。从 1616 年开始,他就在伦敦的皇家医师学院讲授他的血液循环观点。哈维在出版于 1628 年的《论心脏和血液的运动》一书中发表了他的研究成果,揭露了长期以来医学界对心脏和血液循环的误解。哈维不仅是现代生理学的奠基人,也是现代实验科学的倡导者。

威廉·哈维（1578—1657）曾在剑桥大学的冈维尔与凯斯学院接受教育。1597 年，他到意大利的帕多瓦大学留学，师从以提倡解剖实验闻名的医学家法布里修斯。帕多瓦大学是当时欧洲最好的医学院校，吸引了来自欧洲大陆各地的学生，维萨留斯等老师激发了哈维对"血液如何在人体中循环"这个问题的强烈兴趣。哈维在 1615 年担任了伦敦皇家医学院的解剖学讲师，他在学院讲授的一门课程中，已经概略地勾勒了他的血液循环理论大纲。哈维在伦敦皇家医学院的讲义《论心脏和血液的运动》于 1628 年出版，系统地对血液循环理论进行了阐述。哈维的血液循环理论标志着对发源于古希腊和罗马的盖仑学说的突破。盖仑认为人体中有两个独立的系统，暗红色的血（现今叫作静脉血）产生于肝脏，而鲜红色的血液（现今叫作动脉血）则源于心脏，血液像潮汐一样通过动脉血管有涨有落。该学说在哈维提出新理论之前，一直被认为是正确的。

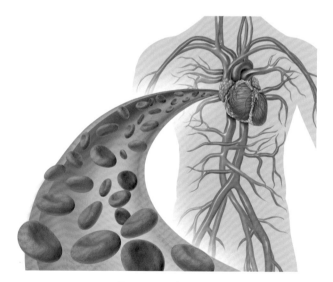

图 2-7　血液循环

哈维为了证明自己的理论，解剖了各种动物和人的尸体，观察了心脏血管的构造，因为他坚信，没有比直接的实验结果和观察更有力的证据了。哈维通过实验证明了血液循环系统中静脉瓣膜的作用,就是个例子。

在帕多瓦大学学习期间,哈维的老师法布里修斯发现了静脉瓣膜,这使哈维受益匪浅。哈维对这一理论饶有兴致。静脉瓣膜结构的发现在血液循环的研究历史中占有重要地位,应该说,正是法布里修斯的工作直接鼓舞了哈维。

法布里修斯虽然获得了"动脉中存在瓣膜"这一重大发现,但是他没有发现瓣膜在血液循环中的全部意义。哈维不仅认识到了法布里修斯的发现意味着血液在静脉中只能朝向心脏运动,还做了一系列不同类型的实验和检测,去证明在静脉中只有一条单向流动的通道。

哈维在其著作中描述了他对动物活体的实验研究,说明了血是在心脏收缩时被挤压出来的,心脏的两个心室是同时收缩的。哈维还进行了一些实验,证实静脉中的血液是流向心脏的。

哈维设计了一种检测实验方法:用绷带绑在实验对象的上臂部位,以阻止动脉和静脉内的血液流动。他发现位于绷带下部的臂膀变凉且苍白,而位于上部的臂膀则温暖且肿胀。松开绷带后,他继续观察血液的流动。另外,他还发现可以将静脉中的血液挤向心脏的方向,而反方向的挤压则不可能进行——因为静脉中的血液只会朝着一个方向流动。哈维开始意识到,静脉中阻止血液回流、维持血液单方向流动的器官,正是他在帕多瓦大学的老师法布里修斯发现的瓣膜。

当哈维首次对放血和绑带结扎的观察结果合理地做出解释时,他提供了关于静脉瓣膜作用的进一步证明。静脉瓣膜的作用变得一目了然——它们控制血液流动的方向,而不只是简单地控制其在某一区段内的容量。

《论心脏和血液的运动》是对心脏及心血管系统认知的基础,被认为是生物学及医学史上最重要的出版物之一。这部专著表述了这样的理论:全身的血液由于心脏的类似泵的作用而通过血管系统进行循环。

图2-8 哈维演示动物解剖实验

图2-9 哈维绑扎人体上臂实验

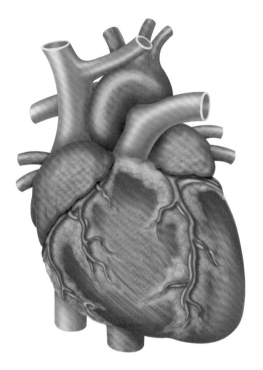

图2-10　心脏动脉和静脉

　　哈维最重要的观点可以简述如下：心脏是一块中空的肌肉。它的特征运动是收缩，继之以被动地舒张。收缩把在心脏扩张期间进入心脏的血液从心脏排出，这些收缩规则地重复，使血液在血管中持续运动。

　　这种解释立即就驱除了各种"灵气"说，即人们此前用来解释血液运动的理论。心脏在半小时里所推动的血液量已经超过了整个人体在任一时刻所包含的全部血液量，如果不设想从心脏排出的血液在相当短暂的时间里返回了心脏，那这一点就不可能得到合理的解释。

　　根据充分的观察和实验证据，哈维认为血液一刻不停地在做连续循环运动，而血管系统中的各种瓣膜保证这种运动沿一个方向进行。解剖实验和结扎-放血实验表明，动脉中的血总是沿着离开心脏的方向流动，而静脉中的血总是沿着朝向心脏的方向流动，因此有理由认为，血液从心脏到动脉，从动脉到静脉，再从静脉回到心脏连续地循环，如此流动不息，直至生命结束。

　　人的心脏有四个腔，即两个心房和两个心室。当左心室收缩时，其中的血液被推动通过瓣膜而进入被称为主动脉的大动脉。从那里，它通过诸多较小的动脉，直至进入静脉，然后通过被称为腔静脉的大静脉进入右心房。当右心房收缩时，其中的血液被推动通过瓣膜而进入右心室，再通过肺动脉进入肺。血液通过肺静脉进入左心房，由此再次进入左心室。上述循环过程重复进行。这就是哈维的血液循环概念。

　　哈维的著作引发了持续几十年的论战。部分原因是哈维的理论中有一个重要的环节是缺失的，那就是未能解释血液如何从动脉进入到静脉，为此哈维假定了毛细血管的存在，而这直到1661年才被证实。

　　哈维被认为是生理学之父，哈维的工作标志着生理学史打开了一个新纪元。他的理论产生了深远影响，开辟了一个新方向，其后的研究者沿着这一方向对人体的构造进行了不计其数的研究。

微信扫码

看科学实验小视频高效学习
添加学习助手获取服务

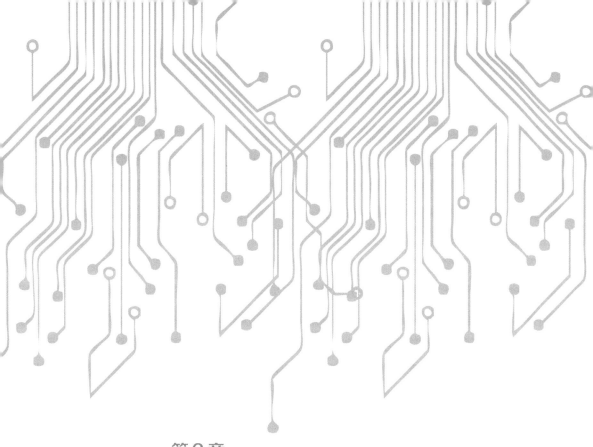

第 3 章

工业革命中的科学实验

瓦特与蒸汽机的改进

英国被认为是工业革命的故乡。工业革命是一场以新型动力机器的发明和使用为标志的革命,而正是瓦特对蒸汽机的改进拉开了工业革命的序幕。蒸汽机在塑造现代世界的过程中扮演了重要角色。瓦特经过大量实验,通过设计独立于汽缸的冷凝器,对传统的纽卡门蒸汽机进行了重大改进,克服了纽卡门蒸汽机汽缸反复加热冷却、浪费能源所造成的效率低下问题。瓦特改进的蒸汽机不仅比原来的蒸汽机少用大量的煤,还使人类从此开始拥有自己创造的动力,而不再受制于大自然。瓦特蒸汽机因此成为工业革命的标志,瓦特也被称为"工业革命之父"。

英国是工业革命的故乡,蒸汽机则是工业革命的象征。今天,我们可以在位于英国首都伦敦南肯辛顿区的伦敦科学博物馆展厅中看到各个时代的蒸汽机实物和模型,这个厅叫作"能量厅",其展品中以纽卡门蒸汽机和经瓦特改进的蒸汽机最广为人知。

一走进伦敦科学博物馆,便可以望见像游泳馆的跳台一样高大的纽卡门发动机模型,人们无不为之发出惊叹。

从人类对蒸汽作用的一些现象的发现,到蒸汽机的大规模使用,其间经历了一个很长的过程。第一个实际应用于工作的蒸汽动力发动机是1712年由托马斯·纽卡门设计的纽卡门发动机,当时主要被用来解决煤矿的排水难题。

要理解瓦特的创新工作,必须先理解纽卡门的蒸汽机。托马斯·纽卡门是

图3-1 蒸汽火车

一位出生于英国达特茅斯的铁匠。他在前人设想的基础上,借助新发明的喷射装置,在铅管工和玻璃工匠的帮助下,对当时已经完成设计的托马斯·沙瓦利蒸汽机进行了重大的改进。

纽卡门蒸汽机的工作原理:将气缸和活塞置于酿造用的锅上,把锅加热产生的蒸汽导入气缸。活塞刚一上升,喷射装置就向气缸里喷水,同时关闭阀门,气缸里的蒸汽就冷却变成水,气缸内的压力变成负压。于是,活塞因气压差而下降,并通过悬臂带动抽水泵工作。

纽卡门蒸汽机使英国的煤矿业从地下排水问题中解脱出来,煤产量迅速增加。然而,早年的纽卡门蒸汽机是"耗煤大王",只有在那些燃料价格极为便宜的地方,这种蒸汽机才有可能成为动力源。

瓦特于1736年出生于苏格兰,他没有受过大学教育,曾经在伦敦接受过学徒教育,后来到格拉斯哥大学当机械修理工。当时,纽卡门制造的蒸汽引擎已经应用很广,因此格拉斯哥大学的课堂上会讲授相关内容。1764年,格拉斯哥大学有一台需要修理的纽卡门蒸汽机。正是因为这台机器,瓦特开始接触蒸汽机,并将注意力转向这项当时的前沿技术。

瓦特为改进纽卡门的蒸汽机进行了长期的实验。1765年的一个星期天,瓦特在格拉斯哥格林公园里散步时,一边还在思考着蒸汽引擎:

"由于蒸汽是一种具有弹性的物体,因此,凡是有空间的地方,它就无孔不入;如果在汽缸和排气室之间有一条通道的话,那么蒸汽就会涌进这个排气室里,并且可能在那里冷凝而不需要冷却汽缸。那么,如果我使用一个像纽卡门式的发动机上的那种喷嘴,我就准能解决冷凝蒸汽和注水的问题。"

"为了做到这一点,我想到了两条途径:其一,如果能制成一条向下延伸三十五六英尺长的排水管,那么水就可以从这条管道流走,而所有的空气则可由一个小气泵抽出;其二,制造一个足以把水和空气一起抽走的泵……"

还没有走到公园,整个设计就已经在瓦特的脑海里成形了。

另外有一种说法是,瓦特借鉴了当时也在格拉斯哥大学执教的约瑟夫·布莱克博士在1760年前后提出的潜热理论。有观点认为这套理论对瓦特启发很大,使他认识到气缸在冷却过程中的热量损失纯粹就是一种浪费,只需设法将高温水蒸气导入另一个气缸中单独进行冷却,就可避免热量损失。于是,分离式冷凝器应运而生。

1768年,瓦特制造出第一台新型蒸汽机的样机。由于它是对纽卡门蒸汽机的改进,瓦特的发动机看上去与纽卡门蒸汽机十分相像,但是其做功效率是纽卡门蒸汽机的4倍以上,且耗煤数量只是纽卡门蒸汽机耗煤量的四分之一。这是瓦特工作的贡献所在。

1769年,瓦特在他的第一份专利说明书上表述了关于利用蒸汽的热能做机械功的思想:"在某些情况下,我打算使用蒸汽的膨胀力,一如气压现被用于通常的火力机中那样。在不可能获得足够数量的水源的场合,机器可由蒸汽力独自去发动……"

如何分析瓦特的发明过程呢？它是基于经验，还是基于科学？一般认为，蒸汽机是采用科学理论指导发明实践所取得的重要成果；但科学理论虽然是发明蒸汽机的必要条件，却非充分条件，仅凭理论，断然造不出蒸汽机。两者是辩证统一的。

瓦特的蒸汽机点燃了工业革命的导火线。正如马克思所说，蒸汽机的发明，在很短的时间内，改变了整个世界的面貌。

贝尔纳指出："蒸汽机的发明过程突出的是对科学思想的有意识地应用，而科学在工业革命中所担任的主要任务正在于此。"也有学者将瓦特称作"第一个使科学和工业相结合的人"。

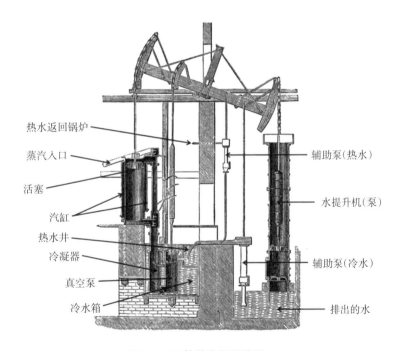

图3-2　瓦特蒸汽机原理图

拉瓦锡燃烧实验

法国化学家拉瓦锡被誉为近代化学之父，他的研究拉开了化学史上一个最重要的科学革命的序幕。拉瓦锡用定量的方法研究了空气的成分，他为寻找"遗失的五分之一的普通空气"而开展的研究，带来了氧的发现，而后者与化学革命密切关联。此后，拉瓦锡以与从前截然不同的方式看待自然界，推翻了燃素说的全部理论，让化学理论从燃素说转变到氧化说，使化学摆脱了与古代炼丹术的联系，转而走向科学实验和定量研究。在法国大革命之后的恐怖时期，拉瓦锡被处死在断头台上，是科学家在乱世时代悲剧的典型。

1789年，法国化学家拉瓦锡出版了《化学基础论》，这是他对近代化学发展的一大贡献。在这部著作中，拉瓦锡总结了化学研究的实践经验，发展了波义耳提出的元素概念，并提出元素是化学分析的终点。

17世纪，法国化学家雷和近代化学之父、英国化学家罗伯特·波义耳都用实验证明过金属煅烧后重量增加的现象。

自从乔·恩斯特·史塔尔在18世纪初提出燃素说以后，直到18世纪末，燃素学说一直在化学家的思想里占统治地位，他们不得不假定燃素有重量，借以自圆其说。

到了1774年，英国化学家约瑟夫·普利斯特列通过加热氧化汞，析出了氧气，并发现它有维持燃烧的独特性能，而且是动物呼吸所必需的气体。但是，普利斯特列当时并没有认识到他析出的气体究竟是什么，他称之为"脱燃素空气"。这是因为他在思想上受到了燃素说的束缚。

拉瓦锡正是从普利斯特列的实验中得到启发,他重复了普利斯特列的实验,用定量的方法研究了空气的成分。

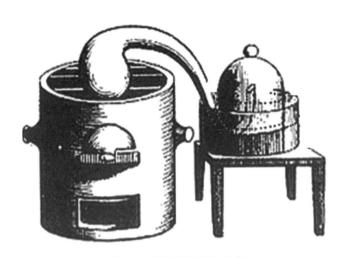

图3-3　拉瓦锡的实验设备

拉瓦锡的实验用到了一个曲颈甑,容量约36立方英寸[1],颈很长。他把这长颈加以弯曲,使得曲颈甑能被这样地放在一个炉子上:它的长颈的开端可进入一个置于水银槽里的钟罩里面。他把4盎司[2]纯水银充入这个曲颈甑,利用置于钟罩之下的虹吸管使水银液面升高到某个高度。他对这高度仔细加以标定,并及时记下大气压和温度,然后点燃炉火,让水银的温度在12天里一直保持接近其沸点。第一天里,没有发生任何引人瞩目的事情。第二天,水银表面开始出现红色微粒,它们的数目和大小一直增加,直至第七天。此后,它们停止增加,保持不变。当水银的焙烧不再产生任何进一步的进展时,拉瓦锡让火熄灭,使容器冷却。实验前,曲颈甑和钟罩中的空气总体积等于50立方英寸。实

————————————————

① 1英寸≈2.54厘米。——编者注

② 1盎司≈28.4毫升。——编者注

验结束时,在同样气温和大气压下,空气体积下降到42—43立方英寸。换言之,空气失去了其原始体积的约六分之一。拉瓦锡接着收集水银表面生成的红色微粒,并尽可能去除黏附于它们的水银。他称量了它们,它们的重量为45格令①。他检测了焙烧完成之后曲颈甑和钟罩中残留的体积约为原先六分之五的空气,发现它不适合帮助燃烧或用于呼吸,因为置于其中的动物一会儿便会死去,点燃的细蜡烛放入其中也立即熄灭。拉瓦锡随后把45格令金属灰放入同一个容器相连的一个小罐,当加热曲颈甑时,金属灰产生了41.5格令水银和一种七八立方英寸的弹性流体,它能远比普通空气更有力地帮助燃烧和呼吸。拉瓦锡写道:"普利斯特列先生、席勒先生和我自己几乎同时发现了这种空气。普利斯特列先生给它取名为脱燃素空气;席勒先生称它为苍天空气;我起初命名它为高度可呼吸的空气,后来代之以生命空气这个术语。"

图3-4　氧气助燃

---

① 格令:历史上使用过的一种重量单位,最初在英格兰使用,人们定义"一颗大麦粒的重量"为1格令。1格令≈64.799毫克。——编者注

图3-5 拉瓦锡和夫人

拉瓦锡认识到了普利斯特列所没有认清的东西——氧气,发现了幻想中的
"燃素"的真实对立物,并提出了氧气的燃烧理论,从而推翻了燃素说,实现了
化学革命。拉瓦锡的实验设施现被收藏于法国工艺博物馆。

许多学者认为,在历史上,至少有三个人有资格申请氧气的发现权,他们是
席勒、普利斯特列和拉瓦锡。如以时间的绝对顺序而言,氧气的发现者是席勒;
如果以发表或研究的自觉程度而言,则是普利斯特列;但要从科学史、历史进程
和影响看,与化学革命相连的氧气的发现当然与拉瓦锡联系在一起。

在化学从燃素说转变到氧化说的过程中,氧气的发现具有特殊意义。发现
并不是简单的"看见",实际上,基于燃素说的化学的范式根本"看不见"氧气,
氧气在其理论中只能是一种身份不明的东西。氧气必须和新的理论范式——
氧化学说,及其实验上的制备和检测程序一同成长,才能被"看见"。

氧气一经发现,化学革命就来临了。拉瓦锡的这一发现推翻了燃素学说,使化学摆脱了与古代炼丹术的联系。从此,化学摆脱了神秘,取而代之的是科学实验和定量研究。

卡文迪许扭秤实验

英国科学家卡文迪许一生离群索居,大部分时间都在实验室和图书馆里度过。他的生活方式不被一般人所理解,因而被称为科学怪人。他在化学、热学、电学方面进行实验,但对于发表他的实验结果以及得到发现成果的优先署名权方面很少关心。卡文迪许通过扭秤实验在历史上第一次成功测定了物体间的引力。此前,牛顿指出万有引力定律公式中的引力常量 G 是普适常量,不受物体的形状、大小、所处地点和温度等因素的影响,但牛顿本人无法给出 G 的值,且引力常量的准确测定能为验证万有引力定律提供直接的证据。目前,准确测定牛顿万有引力常数 G 值仍然是国际上各个引力实验室致力其中的一场竞赛。

科学怪人卡文迪许曾在剑桥大学的彼得豪斯学院上过课,之后大部分时间住在伦敦。卡文迪许的一生大部分时间都是在实验室和图书馆里度过的。他致力于实验科学,在化学、热学、电学方面进行实验,但对于发表他的实验结果以及得到发现成果的优先署名权方面很少关心。

牛顿认为,万有引力公式中的引力常量 G 是普适常数,不受物体的形状、大小、所处地点和温度等因素的影响,且引力常数的准确测定将为验证万有引力定律提供直接的证据。科学家米歇尔设计、制造了一套测定引力常量的设备,并在去世前将这套设备送给了卡文迪许。

1797年夏末,卡文迪许开始装配科学家米歇尔留给他的几箱设备。

装配完毕以后的仪器看上去很像是一台举重练习机,它由重物、砝码、摆锤、轴和扭转钢丝组成。仪器的核心是两个635千克重的铅球,悬在两个较小球体的两侧。装配这台设备的目的是要测量两个大球给小球带来的引力偏差。这将使测量一种难以捉摸的力——实际是引力常量首次成为可能,并可由此推测地球的重量(严格来说是质量)。

卡文迪许的方法是这样的:用一根细丝悬挂细棒,在这根垂直悬挂的细棒的下端,设置一根水平的钢制细棍,水平的钢棍可以旋转,就像罗盘里的磁针那样。

然后,他在钢棍的两端各固定一个小的金属球。这两个金属球重量相同,为的是使钢棍两端受到的地球引力大小相等,因而使它能够像天平那样保持平衡。这样一来,地球引力对钢棍的作用也必然互相抵消。而且,因为两端重量相等,所以它能够保持稳定。这样,卡文迪许的实验仪器就避免了地球引力的干扰。

接下来,他把两个体积很大而且分量很重的金属球分别放在水平钢棍两端的小球附近,最开始并没有去触动它们。这时,大球的吸引力已经产生作用,吸引了挨近它的一个小球。他轻轻地推开小球,使它离开原先的位置。这时,显然是因为大球引力的作用,小球又被拉了回来。但是,被拉回来的小球并没有在最初静止的地方停下,而是越过原先的位置,并且开始在大球附近像钟摆那样来回摆动。

在这个过程中,地球的引力也在起作用,但是地球引力与实验中的大球引力互相垂直,所以互相没有干扰。然而,跟地球的引力相比较,金属球的引力极其微小,所以,小球的摆动比通常所见的摆动要缓慢得多。就是用这样的办法,通过观察这缓慢的振动,更准确地说是通过计算一天中为数稀少的振动次数,卡文迪许计算出了地球的确切质量。

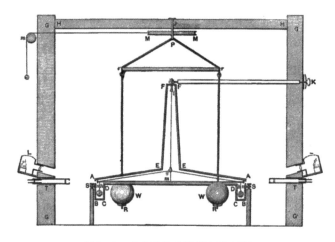

图3-6 卡文迪许实验装置资料图

毫无疑问,这样的实验所遇到的困难是非同寻常的。比如,由于温度变化造成的水平钢棍的膨胀,或金属球略微的不平衡,都会影响实验的结果。此外,实验必须在室内进行,而用于实验的房间四面八方的材质比重必须均等。而且,不能在近处直接观察,以免对所观察的引力产生干扰。实验场所周围的空气也不能有流动,否则摆动就不能正常进行。因此,卡文迪许就待在旁边的一间屋里,用望远镜瞄准来进行观察。

最后一点,实验所用球体的设计和制造工艺也非常重要。不仅重量和尺寸需要精确,而且形状也必须精确规范,球体的重心必须跟球形的几何中心重合,中心点到球面的各点的距离均等。

事实上,因为两个金属球之间的引力太小,而且小球摆动的幅度很难被观察和记录,灵敏度问题成了测量摆动的关键。

卡文迪许在测量装置上装了一面小镜子。当小球受到大球的引力影响而摆动时,小镜子就会偏转一个很小的角度,小镜子反射的光则会在远处转动一个相当大的距离,这样就可以精确地测量出小球在大球引力作用下摆动的幅度和速度。

这项工作是极其费劲的,为了做十几次精密而又互不干扰的测量,他总共花了将近一年时间。最终,卡文迪许采用扭秤法第一个准确地测定了牛顿万有引力常量 G。

这个构思、设计与操作都极其精巧的实验,被赞为"开创了测量弱力的新时代"。牛顿万有引力常量 G 的精确测量不仅对物理学有重要意义,同时也对天体力学、天文学,以及地球物理学具有实际意义。

2018 年 9 月的《自然》杂志刊发了来自中国的一个团队所测定的最新的 G 值。在位于武汉华中科技大学校园中喻家山的防空洞里,有一个引力实验室,该团队历经 30 年,测出了国际上截至当时最高精度的 G 值。该实验室创办时

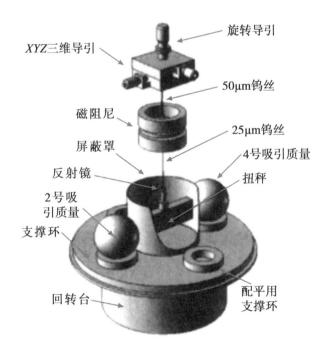

图 3-7　中国引力测量团队的实验装置

的设备是由20世纪80年代在英国剑桥大学留学的陈应天博士从剑桥大学搬回国内的。

伽伐尼实验

意大利科学家伽伐尼在实验中发现金属与青蛙腿接触时会产生放电现象,这种电来自动物体内。伽伐尼认为动物内部存在动物电,这种电只有用金属与之接触时才能被激发出来。他进一步认为,青蛙腿抽搐是因为青蛙腿上的神经受到了电的刺激,产生了动物电,后者沿着神经传导到肌肉,从而引起肌肉的紧张收缩。尽管这种观点今天已被修正,但伽伐尼的发现仍然是电生理学的开端。伽伐尼的实验不断被重复演示,成为公众认识科学的一个符号,甚至催生了科幻小说《弗兰肯斯坦》的诞生——科学家被描述为"实验室里的科学怪人"。伽伐尼的实验在科学史上具有划时代的伟大意义。

意大利科学家伽伐尼的实验促成了文学作品中的一个恐怖怪物——弗兰肯斯坦的诞生。在那些关于弗兰肯斯坦的电影中,可以看到停留在实验室里还没有生命的怪物,随着开关轻轻一拨,实验室里霎时间火花飞溅,一种因电力而产生的嗡嗡声充满整个房间,怪物则慢慢地睁开了眼睛……

伽伐尼以研究生物电的先驱工作被载入史册。对生物电现象的真正研究始于偶然的观察。如果把一只新制备的青蛙腿与导电体连接,每当蛙腿附近有放电发生时,蛙腿就会痉挛。蛙腿的这种现象是波洛尼亚大学解剖学教授伽伐尼在约1780年首先观察到的。

这一现象引起了伽伐尼的极大兴趣，他接着以严谨的科学态度，选择各种不同的条件，在不同的日子连续做了这类实验。他于1791年写道："我选择不同的日子、不同的时刻，用各种不同的金属多次重复实验，总是得到相同的结果……之后，我又用各种不同的物体来做这个实验，但用诸如玻璃、橡胶、松香、石头和干木头等代替金属导体时，都不会发生这样的现象。"这证明动物体内部存在着区别于静电的"动物电"。只要用两段不同的金属与它接触，这种电就能被激发出来。就像莱顿瓶放电一样，每一个肌肉纤维就是一个小电容器，放电引起

图3-8 伽伐尼像

了动物体肌肉的运动，并且这种动物电与普通摩擦产生的电是一样的，只是起因不同而已。

伽伐尼的先驱研究成为膜片钳等生物技术的先声，同时他也对英美科幻文化留下了深刻印记。伽伐尼与弗兰肯斯坦代表了科学与科幻的一次邂逅。著名的科幻小说《弗兰肯斯坦》，副标题是"现代普罗米修斯"，更形象的译法是"科学怪人"或"人造人"，讲述的就是一位奇思妙想的科学家用尸体拼凑出一个奇丑无比的巨人，并借助雷电的神力将其变成活生生的人的故事。

女作家玛丽·雪莱的《弗兰肯斯坦》这部小说反映了大众对科学以及科学实验的一种想象。书中的科学家名叫弗兰肯斯坦，他对电很是着迷，并用电赋予怪物生命。在当时，电能对于大多数人来说仍是一股神秘的力量。玛丽·雪莱展现

了不顾一切探索科学未知领域的后果，告诫读者，践踏自然规律可能导致无法预见的后果。

　　小说的出版为当时年仅20岁的玛丽·雪莱赢得了巨大的名声。玛丽·雪莱开始创作时是一个年仅18岁的少女，是什么灵感使她写出这样一部以创造生命为主题、黑暗又恐怖的小说呢？虚构往往来自真实体验。人们一般认为，这部科幻小说的诞生与伽伐尼实验有关，其灵感就起源于伽伐尼实验。

　　伽伐尼的忠实支持者包括他的侄子乔凡尼·阿尔蒂尼，他也是一名物理教授。阿尔蒂尼继续进行他叔叔的实验，1803年，他公开对一名已死亡犯人的肢体进行电刺激演示，这个实验之后被广为宣传。尽管并没有任何记录表明玛丽·雪莱与此次实验相关，但人们猜测，她创作小说《科学怪人》的灵感就是来自阿尔蒂尼对"复活人类"的尝试。

　　就在玛丽·雪莱的《弗兰肯斯坦》于1818年出版的同时，意大利物理学家里奥普尔多·诺比利又用自己的实验将伽伐尼的理论重新提到世人面前。他在一次实验中用青蛙做成了一个伏打式的"电柱"，每只青蛙的腿都搭在另一只青蛙

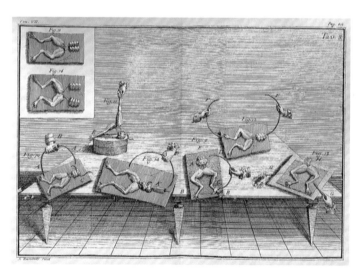

图3-9　伽伐尼实验

身上,结果青蛙们的身上果然有电流通过,尽管很弱,但确实能够被测到,并且青蛙的数量越多,电流强度越大。

　　著名科幻作家阿西莫夫认为,玛丽·雪莱是第一个在小说中应用了科学新发现的人,她还把这种新发现进一步发展到了一个合理的极限,正是这一点使得《弗兰肯斯坦》成为世界上第一部真正意义上的科幻小说。

微信扫码

看科学实验小视频高效学习
添加学习助手获取服务

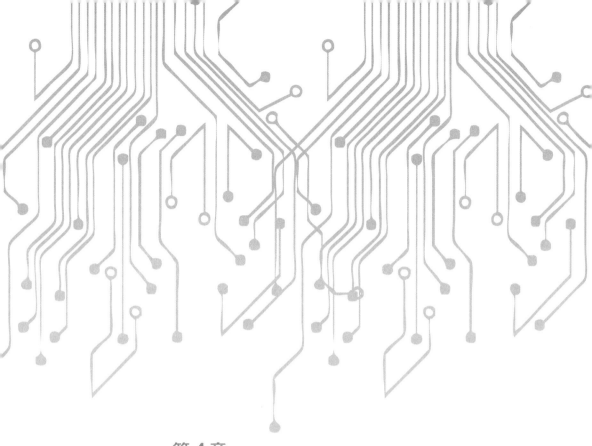

第4章

科学实验与科学的世纪

傅科摆

1851 年在巴黎的万神庙被演示的傅科摆,以简单的方式证明了地球自身的自转运动。傅科摆是傅科受到机床卡盘上的摆棍能够保持摆动方向这一现象的启发而设计的。傅科摆是通过特殊悬挂装置悬挂在高处的一种用来演示的单摆,以长长的摆线和大大的摆球为特征,摆球对应的地面上一般标有刻度。傅科摆的复制品至今仍陈列在许多天文馆和科技馆的大厅里。当你参观一些天文馆时,是否曾注意到傅科摆?是否注意到傅科摆的平面在随时间变化?它的变化周期跟你所在位置的纬度有什么关系呢?

地球真的在自转吗?古时候,人类还没有"地球"的概念,人们只知道"大地",并且在大部分人类文化中,在相当长的时期内,人们一直认为大地是"平"的。

后来,随着人类活动范围的扩大和知识的积累,人类逐渐认识到,大地可能是圆的。因为,在海边观看离岸的船,先是船身逐渐隐没,然后才看不到桅帆;在陆地上的旅人如果向北走去,一些星星会逐渐在南方的地平线上消失,另外一些星星却出现在北方的地平线上;人们甚至发现,月食时投射在月面上的大地的阴影是弧形的。于是,人类逐渐提出了大地应该是球形的"地圆说",但是一直没有确凿的证据。直到 1521 年,葡萄牙航海家麦哲伦的船队完成环球航行,才为"地圆说"提供了最直接的证据。

1543 年,天文学家哥白尼临终前出版了《天体运行论》。他在《天体运行论》中指出：地球是球形的，每24小时绕自转轴旋转一周，同时还和其他行星一起围绕太阳旋转。但是，一直没有一个直观的实验能够演示地球的自转。直到19世纪50年代，法国物理学家傅科设计了一个实验，用一个悬挂的巨摆来证明地球自转。那么巨摆如何证明地球的自转呢？

如今，到北京天文馆参观的同学，可以看到有个大摆在天文馆老馆中厅的中央，它从1957年起，一挂就是几十年。这个大单摆就是法国科学家傅科发明的傅科摆的复制品。

进入天文馆的大门，可以看到大厅中央有一根几十米长的细钢丝，从门厅的穹顶上直垂下来，钢丝末端吊着一个重重的大球，球连续而有节奏地前后移动着，这个球也被视为有规律地来回晃动着的金属摆。地面上有一个刻有方位的圆盘，摆锤尖端在沙盘上划出复杂的线纹。

很多小朋友第一次来看傅科摆时只是看热闹，觉得一根绳子高高地吊着个大铁球挺好玩的。慢慢地，很多小朋友就开始好奇这个摆挂在这里是干什么

图4-1 傅科摆

图 4-2　傅科

的。当老师告诉他们这个大单摆可以用来证明地球自转时,很多小朋友会觉得太神奇了,多么不可思议!

傅科摆是由法国物理学家傅科发明的,并于 1851 年首先在巴黎的万神庙演示。傅科的灵感来自一个试验:在制造能够跟踪恒星的望远镜的过程中,有一次,他拨动一根固定在车床卡盘上的、长长的、可以弯曲的钢杆时,注意到当钢杆在车床上持续旋转时,其振动会保持在同一方向的平面内。这一发现激发了他的灵感,他认为一个自由悬挂的钟摆的振动可以演示地球的自转。

大球在任何方向都能够经久不停地摆动,而下面的刻盘则由于地球的自转而旋转,由此我们就能看到摆动平面对于方位盘而言在不停地改变方向。你若静静地在北京天文馆的傅科摆前观察几分钟,就会察觉到它的摆动平面在逐渐偏旋,这是地球自转的有力证据。

我们在学校物理实验课上见到的单摆都比较小。用肉眼看起来,这些小单摆总在一个平面内摆动,不会旋转。而傅科摆却不然,只要我们观察时间长些,就可以发现它的摆动面在缓慢地旋转着,这一点从底部的刻度上可以明显地看出。

在北半球,傅科摆来回摆动都会向右偏转,这样它的摆动面就缓慢地循着顺时针方向旋转。地理纬度越高的地方,摆动面旋转速度越快。北京天文馆坐落在北纬 39 度 56 分的地方,因此可以算出,它门厅里的傅科摆的摆动面转一圈要花约 37 小时 15 分。

轰动巴黎的傅科摆实验是第一个能够向广大观众演示地球自转的实验，它生动而形象地证明了地球的自转。实验的设计简单实用，演示精妙绝伦，实验的结果清晰明了，令人叹为观止，充分体现了物理的"简单、和谐、对称"之美。这极大地促进了人们对科学的信任和热爱。

这个实验引起了人们的极大兴趣，此后，世界上许多地方多次重复了该实验。2007年，科学家们在南极安置了一个摆钟，并观察它的摆动。此举也是在重复1851年巴黎的这个著名实验。

傅科摆的实验结果作为地球自转的有力证据，现已为全世界所公认。傅科摆实验充分展现了傅科的聪明才智，他利用简单实用的技巧，得到了很好的实验结果。这个物理实验利用最简单的仪器和设备，发现最根本的科学概念，这对于我们今天设计实验来说，仍然具有很好的启发性。

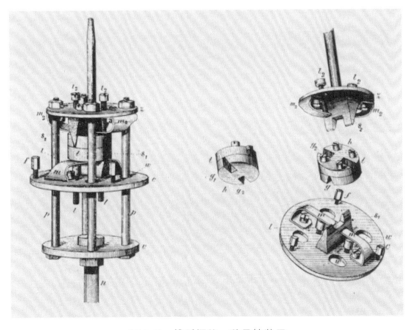

图 4-3　傅科摆的一种悬挂装置

图4-4　法国巴黎万神庙的傅科摆

法拉第与电磁感应

奥斯特发现电能产生磁,那么磁能产生电吗?英国物理学家和化学家迈克尔·法拉第在1831年通过实验证实了这一猜测。英国物理学家詹姆斯·克拉克·麦克斯韦则把这些发现综合在一起,创立了电磁学理论。

法拉第(1791—1867)出身于英国伦敦的一个工人家庭,依靠自学成才,成为科学史上最著名的实验科学家之一。他是电磁场理论的奠基人,最早提出了电场、磁场的概念;他通过大量实验论证了电的本质,在电化学方面做出了不少创造性的贡献;他发现了偏振光与磁场的关系,并第一个阐述了光的电磁本质。

英国历史学家伊赛亚·伯林写过一篇随笔《豪猪和狐狸》。在文中,他把思想家比喻成狐狸和豪猪两类:狐狸知道很多事,而豪猪只知道一件大事。伯林认为法拉第则是两者兼之。作为实验家,法拉第研究的课题比上文提过的多得多,仅在电学方面的研究课题就被列出了22项;然而作为理论家,他只研究并阐释了一件大事——自然界所有事物之间的相互联系。

图4-5 法拉第像

法拉第探索磁生电问题时,正处于31岁到40岁的成熟的青年时期。

下面是法拉第对电磁感应实验的典型、细致的描述,当时记录在他的日记中。

用圆铁棒(软铁)弯成一个铁环,粗7/8英寸,外径6英寸。三段导线,每段长24英尺[1],它们可以连接成一段,或分开用。这三段线用麻线和白布隔开,一并在环一边绕成三个线圈,用伏特电池检验各个线圈是否绝缘。我们称环的这一边叫A。在环的另一边,以一定间隔,绕线圈分为两段,总线长60英尺,绕的方向与前面线圈相同,这一边叫B。

给10对4英寸正方形极板组成的电池充电。B边的一个线圈的一端与铜线相接,这铜线通过一段距离,正好安放在一个磁针上方,与绕线环相距5英尺。然后把A边线圈中的一段两端与电池相接,即刻对磁针有明显作用:它振动,而后稳定在初始位置。当A端线圈与电池断开时,磁针再次被扰动。

当线圈A与电池接通时,变成了电磁体,它的磁效应使线圈B中有感应电

---

① 1英尺≈0.3048米。——编者注

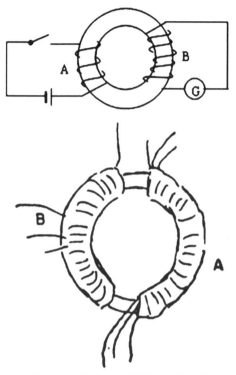

流产生,磁针指示了这一现象。法拉第实验的关键性发现是他本人以及其他人都曾忽视了的:感应电流的产生实际上是短暂的,在接通电池后仅仅持续很短时间。换句话说,仅仅当磁效应变化时,才产生电感应效应。所以当线圈A与电池断开时,线圈B里也有短暂的感应电流产生。

在另外的实验中,法拉第用永久磁体取代电磁体,也得到了类似的结果。他在中空的圆柱形纸筒上缠绕螺线圈,并使这线圈与电流计接连,然后快速地把圆柱形永磁体插到纸筒内。当磁体运动,而且仅当它处于运动状态时,电流计显示在线圈内产生了感应电流。

图4-6 法拉第日记中的插图,说明他对电磁感应现象的发现。线圈A中出现电流或电流消失时,在线圈B中就会产生短暂的感应电流。

法拉第在1831年的电磁感应实验有着显而易见的应用价值,电磁感应实验说明,利用磁体和线圈能产生电。我们现在应用的发电机就是以这种原理为基础的。

毕其一生,法拉第强调切实的实验事实具有无法忽视的重要性。在给朋友的信中他写道:"我从来不会去做没有我亲自观察的实验。"在给同事的信中他回忆道:"在早年,我还是个天真而富于想象的人,相信'天方夜谭'与相信'百科全书'一样容易,但是对我来讲事实是重要的,而且它拯救了我,我可以相信事实。"事实是实验的馈赠。他说:"如果没有实验,我将一事无成。""实验是无止境的,但是一定要坚持做下去,否则谁知道可能有什么样的结果。"

如果必须把他的科学生涯加以细分,那么法拉第首先是一位实验家,而后才是理论家。他的科学生涯,是实验精神和理论思索相辅相成的过程,也是有着高度创造性的一生。他通过实验来启示理论,通过理论来指导实验。一个科学家若具有在实验和理论领域同时工作的能力,而且有创造性,则是稀有的天才。历史上或许仅有少数几位科学家,例如牛顿、费米和法拉第有这样的能力。历史上的其他一些著名科学家,例如爱因斯坦、麦克斯韦、玻尔兹曼和费曼,则是优秀的理论物理学家,而不能被称作有创造性的实验家。

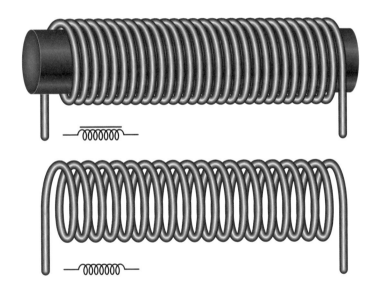

图 4-7　磁铁线圈

在伦敦皇家研究院的一座楼里,法拉第同时扮演了个人的和公众面前的两种角色。法拉第在研究院的楼上占据三个场地,楼上、楼下和地下室。楼上是法拉第的私人公寓住宅,楼下是公用房间、图书馆和讲座厅,地下室是实验室。

从1826年开始直到他从皇家研究院退休,法拉第坚持给公众作了一系列

图4-8　法拉第

讲座,当时被叫作"法拉第星期五夜话"。他很严肃认真地对待这些讲座:每次都要试讲,为每场讲座耗费心思,而且准备小册子以改善讲座的效果。在法拉第的激情投入下,这些讲座深受大众欢迎。在诸多的讲座中,法拉第打破了当时的一个观念,即"真正的教学讲座永远不可能是大众化的,大众化的讲座不可能是真正的教学"。

　　法拉第给孩子们的圣诞讲座使皇家研究院的声誉大增。讲座很快吸引了来自伦敦上层贵族社会的听众,包括时任女王的丈夫阿尔伯特王子。法拉第的著名的圣诞讲座系列,以《蜡烛的化学史》出版。法拉第的圣诞讲座是科学普及的一个经典范例。

　　法拉第的科学普及独具特点:第一,法拉第以令人耳目一新的方式写作和演讲;第二,对于他进行的几乎所有成功实验,他都会在皇家研究院的演讲会上向公众演示并继续完善,意在让它们给人们留下不可磨灭的印象,在这一点上,他圆满地成功了。

图4-9　法拉第的线圈

巴斯德消毒法

57

　　法国科学家巴斯德是近代微生物学的奠基人,被称为微生物学之父。巴斯德开辟了近代微生物学的研究范式,这种面向实际问题的理论研究模式被称为巴斯德象限。巴斯德用自己设计的实验,说明空气里的微生物的进入和繁衍造成了腐败现象,否定了"微生物能够自然产生"的说法。巴斯德提出疾病细菌说,发明了疫苗接种方法。巴斯德发现并根除了一种侵害蚕卵的细菌,因此拯救了法国的丝绸工业。

　　巴斯德通过对葡萄酒的发酵研究,发现了葡萄酒变酸的原因,并进行了反复实验,终于发明了以适当温度和时间加热以灭杀细菌并保持葡萄酒口味的巴氏消毒法。这一方法挽救了法国的酿酒业。

1863年,法国葡萄酒因为变质问题,出口大受影响,拿破仑三世希望研究出这个问题的解决方法。

此前数百年,法国都是一个葡萄酒大国,酿酒业在法国各工业部门中居前列。而到了19世纪,有两个问题严重威胁法国葡萄酒的生产,一是葡萄病,另一个问题是酒病,这两个问题早已存在,一直没能解决。所谓酒病就是酒的变质。本来清香可口的桶装葡萄酒,存放一段时间后会莫名其妙地变苦、变酸。酒病使法国葡萄酒业损失惨重。

17世纪后叶,由于显微镜的发明,人类认识到细菌的存在,而关于细菌是如何来的这个问题,科学家巴斯德设计了一个巧妙的曲颈瓶实验,证明了肉汤的腐败是来自空气中的细菌的作用所造成的。

在巴斯德之前,已有不少人研究防治酒病的方法。当时比较流行的一种做法是增加酒精,提高葡萄酒的酒精度数。这种方法虽有一定作用,但提高了成本,且不符合法国人的饮酒习惯。还有人采用二氧化硫方法或冷冻法来防治酒病,效果也不理想。在巴斯德着手研究葡萄酒之前,酒病问题一直没有好的解决办法。问题的关键是人们对引起酒病的原因一直不清楚。

1863年,巴斯德开始研究酒病。在这以前,他研究过乳酸发酵,发现乳酸发酵和酒精发酵一样,都是由特定生物的作用引起的。巴斯德研究了自然发生问题,这个问题的实质是,食品及

图4-10 巴斯德

其他有机物中出现的微生物究竟是自然地产生的,还是有微生物的"种子"从外界侵入所致? 他的研究表明,葡萄酒的变质也与微生物的生命活动有关。所以若要防治酒病,必须把那些在葡萄酒中作祟的微生物找到,而防治的办法,就是在葡萄酒发酵完成之后,采用某种措施,既要把微生物全部杀死,又不破坏酒的色泽、口味等品质。

巴斯德先试验了加防腐剂的方法,效果不理想,而后才转向试验加热法。1864年,巴斯德利用假期从巴黎回到家乡阿尔布瓦市继续研究葡萄酒酒病。市议会责成市政府为他提供一个临时实验室,并负担全部经费,可见法国政府对该研究的重视。1865年5月1日,巴斯德向法国科学院提出了他的研究报告。

他先是发现,在隔绝空气的情况下,也就是在密封的容器中,将葡萄酒加热到60℃—100℃,时间1—2小时,就可保证葡萄酒不变质。经过多次小规模试验,他又把加热的温度降至50℃—60℃,发现这样即可消灭导致葡萄酒变质的一些细菌。

这种方法简便易行,费用低廉,可以有效地防止酒病,且不影响酒的品质。这就是今天仍然在很多地方使用的巴氏消毒法。多年一直困扰法国葡萄酒业的酒病问题终于找到了一种好的解决办法。

就在当年冬天,法国皇帝拿破仑三世和皇后召巴斯德进宫,亲自听他讲解酒病问题,并兴致勃勃地用显微镜观察巴斯德带进宫中的各种酒的样品。

1867年,巴黎博览会评奖团授予巴斯德博览会大奖章,并由皇帝亲自颁奖,以表彰他在葡萄酒研究方面的巨大成就。

尽管巴斯德获得了很大的荣誉,他发明的防治酒病的方法并没有马上普及开来,主要原因有二:一是某些高级评酒专家坚持认为,加热会影响葡萄酒的品质;二是当时人们对这种方法的有效性还存有怀疑。

为此,不少地方和部门对巴斯德所说的方法进行检查,其中最著名的是法

图 4-11　葡萄酒发酵

国海军部组织的两次试验。第一次试验是在 1867 年进行的,将体积为 500 升的一桶葡萄酒一分为二,其中一半的葡萄酒按巴斯德的方法加热灭菌。加热过与没加热过的酒,都被载于同一艘军舰上。酒在海上游弋了 10 个月之后,专家们发现,按照巴斯德的方法加热灭菌过的酒,依然清亮醇和,并且很像多年陈酒;而未加热过的酒,虽然还勉强可以喝,但已经开始变质。

　　后来,海军部又进行了更大规模的试验,结果再次证实巴斯德消毒法是防止葡萄酒变质的好方法。

　　于是,巴斯德消毒法逐渐推广开来,从法国推广到欧洲其他国家乃至全世界,其应用范围也从处理葡萄酒扩展到处理啤酒、牛奶等。

　　后世学人归纳出了巴斯德精神。所谓巴斯德精神,一个方面是科学精神,他为了解决工业问题,为了解决疾病问题,在实验室里孜孜不倦地研究;另一重要方面就是爱国主义精神,他的很多发明发现成果,不仅对微生物学的理论有意义,对这个学科的发展有意义,同时对解决现实问题也有意义。巴斯德通过他的发明发现帮助了法国,他有一句著名的格言——"科学无国界,但是科学家有祖国"。

琴纳与牛痘

在18世纪中叶,天花是一种可怕的瘟疫,在整个欧洲蔓延,而且还被探险家和殖民者传播到了美洲。英国乡村医生琴纳从牛身上获取了部分牛痘脓,用柳叶刀给儿童接种牛痘,进行试验。最后,牛痘的接种取得了成功,但是这项医疗手段经过相当长的一段时间才为当时的医学界所接受并认可。直到1801年,接种牛痘的技术才开始在欧洲试行,并迅速推广,天花的发病率和死亡率因而迅速下降。琴纳的工作奠定了免疫学的基石,为免疫学开创了广阔的天地,开启了人类战胜瘟疫的新篇章。文献研究表明,这项突破受到了经丝绸之路带来的、源自东方的人痘术的启发。至今,人类抵御传染病的战斗仍在继续。

鲁迅先生有一篇杂文《拿破仑与隋那》,收入1934年出版的《且介亭杂文》。拿破仑是法国资产阶级革命时期的军事家、政治家,隋那在今天翻译为琴纳(1749—1823),是牛痘接种预防天花这一方法的创造者。拿破仑和琴纳之间有什么联系呢?鲁迅为什么把两人放在一起呢?

鲁迅表达了一种看法:拿破仑的战绩,和我们普通中国人没有多少相干,但我们总是推崇他的英雄战绩;而若人们看看自己的臂膊,大抵总有几个疤,这是种过牛痘的痕迹,使我们摆脱了天花的危害。自从有种牛痘的方法以来,它真不知挽救了多少孩子,但我们有多少人记得这发明者的名字呢?

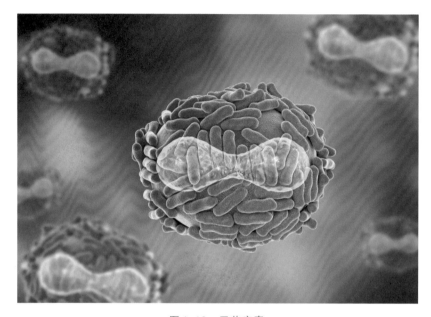

图4-12　天花病毒

鲁迅认为,将政治家的功业与科学家的发明发现相比,人们往往忽视后者,所以必须改变人们对科学技术的漠视。

天花是一种可怕的传染病。历史上,因感染天花而死亡的人成千上万。关于天花的历史,最早可以追溯到埃及木乃伊身上的痘瘢——埃及法老拉美西斯五世脸部的痘痕至今历历可辨。古印度也很早就有关于天花的记述。中国古代最早有关天花的记载,见于晋代葛洪的《肘后备急方》。为了对付天花,人类进行了艰苦卓绝的抗争。现代人是通过接种牛痘的方法来抵御天花的。

用种牛痘来预防天花的方法被发明前,在东方,已经有种人痘的方法。著名科学史家李约瑟博士认为人痘术是中国的道家发明的。在中国四川及河南

科学实验之旅

一带,11世纪前后已有种人痘法实行。但当时该方法只是在民间流传,未能够广为流行。直到16世纪的明代隆庆年间,人痘接种法开始盛行于世。到了清朝,康熙皇帝提倡人痘接种术的推广。天花在欧洲猖獗流行时,中国的人痘接种术已经相当成熟和普遍,很多材料表明中国的人痘术外传到了欧洲。

法国伟大的哲学家伏尔泰(1694—1778)在他的《哲学通信》(1733年著)中曾提及种痘一事,其中的第十一封信专题是"谈种痘"。他描述了锡尔夏西人(Circassian)种痘的情况:

很早以来,锡尔夏西的妇女就有给小孩种痘的习惯了。大约在小孩六个月大的时候,她们就在孩子的胳膊上划一道小伤口,在伤口里种上她们细心地从别的儿童身上挑出来的一种痘浆。这种痘浆在胳膊上起的作用就像酵母在一块面团里所发生的那样。它在那里"发酵",并且在血液里散播着被接种的痘浆的"性能"。种过这种人工痘的孩子,胳膊上长的痘苗又可用来供给别的孩子。这在锡尔夏西几乎是一种连续不断的循环。如果某段时间在当地没有痘浆,人们就会像其他地方的人遇到坏年成一样恐慌得手足无措。显然,锡尔夏西人的种痘法的原理和程序形式与中国的种人痘法一样,只是具体操作不同。中国人种痘的方法并不割破皮肤,他们从鼻孔把痘苗吸进去,就好像闻鼻烟,其预防结果一样。两者间可能存在渊源。

人痘接种术可能的传播途径是经过土耳其,因为中国与土耳其一直通过丝绸之路互通有无,频繁交流。中国医学也很早就传到阿拉伯地区,并且曾有中国医生来到阿拉伯地区,其中就可能有掌握种痘方法的人。英国传教士、医生德贞在《中西闻见录》的"牛痘考"中说得很明白:"自康熙五十六年(公元1717年)有英国钦使曾驻土耳其国京,有国医种天花于其使之夫人。嗣后英使夫人遂传其术于本国,于是其法倡行于欧洲。"

通过土耳其,种痘术传到了锡尔夏西,同时或稍后又传到了英国。这位公使夫人全名一般译为玛丽·蒙塔古夫人。她与丈夫驻在君士坦丁堡,生了一个孩子并决意为他种痘。尽管当时很多人反对,蒙塔古夫人还是让自己的孩子种了痘,而且效果良好。1718年,这位夫人回到伦敦,便将她的经验告诉了当时的公主,后来的女王加里斯。加里斯公主喜欢鼓励一切技艺,她下令先在四个被判处死刑的犯人身上进行试验。效果得到证实以后,就让她自己的孩子们种了痘,并推广到全英国。

在伦敦行医的马伯英教授曾委托我在伦敦科学博物馆图书馆查询一份文献。这是登载在皇家学会会刊上的一封由阿勒波医生帕特里克·拉塞尔博士写给亚历山大·拉塞尔医学博士的信,信中作者叙述了阿拉伯地区的人痘接种情况。

根据这封信写作了有关疾病对人类历史影响的权威专著《瘟疫与人》的历史学家威廉·H.麦克尼尔教授认为:"究竟接种技艺首先是在什么地方发展起来的? 人们很容易设想,是那些大篷车商人们听到了这个办法,并试验了它,然后这作为一种民间活动传播开来,并沿着那些以长途贸易为主要方式的大篷车交通线传到了欧亚大陆和非洲。"

在西方,18世纪以来,实验医学给人类带来的最大成果非牛痘接种法莫属,它是由英国医生琴纳开发的。

在英国风行种人痘的时代,爱德华·琴纳正是一位为患者种人痘的医生。历史的重担仿佛冥冥中落到了他的身上:是他将中国传入英国的种人痘术,改造成了种牛痘新技术。琴纳听说,挤奶女会从患牛痘的奶牛乳房处感染轻度的牛痘,之后就不会得人类天花,于是决定将自己的直觉付诸实践。他用牛痘疱浆代替人痘,给8岁的男孩菲浦斯接种,获得了成功。1798年,琴纳在书中公布了他观测到的事实。

但琴纳的牛痘法最初没有立即得到官方的认同。他向皇家学会递送的有关报告受到了嗤笑。甚至有人组成"反牛痘联盟",宣传说若种了牛痘,人的头上会长出牛角,声音会变得如同牛叫。

图4-13　牛痘接种

　　直到1802年,接种牛痘的效果开始明显地显示出来,种牛痘的方法才得到
了社会的认同。英国国会先后两次为琴纳颁发了奖金以示鼓励,种牛痘的方法
也传播到全世界。

　　琴纳的成功基于两个原因。一是英国当时所行的人痘法效果不佳,反应严
重,刺激他去思索、改变;二是他善于观察,并采用了实验证实的方法。他大学
时的老师、英国著名的解剖生理学家、外科医师约翰·亨特对琴纳的最大忠告就
是要善于观察并不断地观察,这对琴纳的发现有很大影响。

图4-14 琴纳用过的柳叶刀

图4-15 伦敦肯辛顿花园琴纳塑像

不难看出,中国的种人痘技术万里迢迢来到英国,中间经过了多次转换,最后不仅改变了形式,在实质性的原理上也有了变异。1803 年,英国的牛痘法又返传到人痘法的故乡,这一年 6 月,英国东印度公司发出一份急件,希望立即将在被英占领的印度普遍使用的牛痘苗送一份到中国,从此开始了在中国种牛痘的篇章。

与天花斗争的历史,带给人们惨痛的记忆。1979 年,世界卫生组织宣布天花传染病被彻底消灭。目前,世界上仅有少数几个实验室保留着天花病毒。

迈克尔逊-莫雷实验测量以太零效应

19 世纪,很多物理学家认为空间中充满了一种叫作"以太"的静止、无形的物质。人们通常认为它是光传播的介质。光是一种波的运动。如果只承认光波的运动,而不承认介质以太的存在,那么对从前的物理学家们来说,简直就像只承认水波而不承认水那样荒谬。

很多物理学家希望通过实验证实以太的存在,1887 年的迈克尔逊-莫雷实验就是其中的一个。如果以太存在,由于地球是以 30 千米/秒的速度绕日运行,那么就应有一股以太风不断吹来,若能用实验观测到这股风的存在,也就证明了以太的存在。实验的结果是不论光源和观察者怎样地相对运动,光相对于观察者的速度都是一样的! 实验没有观测到以太存在。

19 世纪,物理学家们认为空间中充满了一种叫作"以太"的静止而无形的特殊物质。人们通常认为它是光传播的介质。他们认为以太不但充满整个宇宙,而且渗透在所有的物体之中。1884年,当时欧洲科学界的泰斗汤姆生应邀到美国讲学,他在一次演讲中即兴答听众问题时说:"以太到底是否真有其物,现在还不能断定。我们只知道地球是以30千米/秒的速度绕日运行,那么就应有一股以太风不断吹来,若能用实验观察这股风的存在,也就证明了以太的存在。"

听众里有一位青年听到这句话后深受启发,一个新的研究课题在他的脑海诞生,这位青年名叫迈克尔逊。

迈克尔逊年轻时在美国海军学院攻读物理学。19世纪80年代,迈克尔逊从海军退役后,在俄亥俄州克里夫兰市的一所学校任教。当时一个叫埃德瓦尔德·维良姆·莫雷的人在附近的西部大学教化学。这两位学者成了亲密的朋友,在莫雷的协助之下,迈克尔逊进行了一系列试验。那些试验得出了很有意思而又令人吃惊的结果。迈克尔逊-莫雷实验最重要的实验仪器——迈克尔逊干涉仪利用了光的波动特性:两束光如果重叠,就会发生相互干涉。这就是说,两束光波会组合成一束合成波,其特性与原来两束波的特性有关。

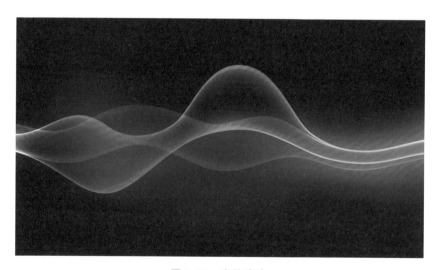

图4-16 光的波动

具体地说，原来的两束光波可能同相，也可能异相。换句话说，当两个相同形状的简单波互相干涉时，这两束光波可能精确地叠在一起，也可能有一个光波的峰（或谷）出现在另一个光波的峰（或谷）的前面或后面。在后一种情况下，两束光波的合成波将现出条纹。迈克尔逊干涉仪有两个互成直角的直臂，两臂的末端都装有镜子。两臂的接合处有一面倾斜的半镀银镜子，可以使光有一半穿过中心镜的非反射面，另一半则沿着第二臂以直角反射出去。

这两束光在到达两臂各自的末端镜上时，被反射回来在接合处相遇而互相干涉。假设这两束光在各自臂上往返所用的时间相等，那么，它们在接合处相遇时就是同相的。假设出于某种原因，两者所用时间不等，那么，当两束光相遇时，就将因是异相的而产生可观测到的"条纹"。

他们的实验仪器安装在一个约 1.5 米见方、30 多厘米厚的石制平台上，平台漂浮在液态的水银池里，这样可以避免平台振动，保持水平，便于平台绕纵轴转动。他们用一个反射镜系统向一个固定的方向照射光束，并反射回来，这样往返 8 次——这是为了尽量增大光的行程。与此同时，他们又用另一个反射镜系统，把光束垂直于第一镜系统光束的方向往返照射 8 次，目的是测定两个光束在距离相等的两个方向上往返照射所需的时间。当时设想，当平台转到其中的一束光与以太风平行的方向来回传播时，这一光束跑完全程，即往返 8 次的时间，要大于与以太风垂直方向跑动的那另一束光跑完全程的时间。初看起来，这个设想是对的。

如果是这样，以太风对第二束光速度的减慢作用比对平行于以太风方向传播的光束的作用要小，迈克尔逊和莫雷的仪器也就能够把这一情况记录下来。这两位学者当时深信，他们不但能够发现以太风，而且能够准确测出任何时刻地球在以太中的准确运行方向（即光在两个方向上往返通过的时间差为最大时的平台方向）。

需要指出的是，迈克尔逊和莫雷的仪器没有测出其中任何一束光的真实速

图4-17 对空间中以太风的想象

度。两束光在它们完成一定的往返次数后,便重合成为一条光束了,这可以在一个不大的望远镜中观察到。实验在俄亥俄州克利夫兰的地下室持续了4天多,他们将光束一分为二,并让其通过前后搁置的两面镜子从而呈直角向不同的方向传播。实验设备被放置在一块浮在水银上方的大石头上,以便设备可以四处转动。他们发现光速总是相同,且不同光源的光彼此独立,然而他们不能解释这与设想之间的矛盾。

1887年,在莫雷实验室的地下室里,这两位科学家做了第二次以太风实验。他们的目的是要找到上次在迈克尔逊那里进行实验时没有发现的以太风,结果仍然没有找到。

基于迈克尔逊-克雷实验的结果,加州理工学院天体物理学家索恩指出:"光的速度在各个方向、各个季节都是一样的。"这是200年来出现的第一个实验依据,说明牛顿定律也许不是在任何时候、任何地方都适用的。

在19世纪中叶到20世纪中叶的百年中,美国的科学发展全面起步,逐步走向职业化、专业化,各学术组织纷纷成立,科研中心最终过渡到大学。但是直到19世纪末,美国科学的研究重点仍然是实用科学,而在基础理论研究方面,对世界科学体系发展的贡献微不足道。直至1907年,迈克尔逊获得诺贝尔物理学奖,成为美国第一个获得诺贝尔奖的科学家,标志着上述情况得以改变。

图4-18　迈克尔逊

拉姆塞与稀有气体

　　因为在实验测定氮的密度时发现了难解的奇怪现象,剑桥大学化学家雷利在《自然》杂志上向化学界同行求教,恰巧伦敦大学的化学家拉姆塞也有一个惊人的发现——氮气在高温时,能被镁大量吸收而生成氮化镁。

　　拉姆塞认为可能找到了有助于解决雷利问题的线索。大量实验的结果表明从空气制得的氮气里,含有其他密度较大的气体。经分光器测试,他发现了红色和绿色的未知光谱线,蕴藏在空气中一直未被发现的新的气体元素露出了踪迹。拉姆塞后来又发现了多种稀有气体,其中很多就是今天常见的霓虹灯内填充的气体。

　　英国化学家拉姆塞在少年时代就立志要做一个化学家。1862年,年仅14岁的他被格拉斯哥大学破格录取。上大学期间,由于自制了许多玻璃用具,自制了酒精灯,拉姆塞被同学认为是制造玻璃仪器的专家。学生时代的训练,对他的一生大有好处,后来,除了烧瓶和曲颈瓶以外,他实验中所用到的所有实验仪器都是他自制的。

　　拉姆塞的最大贡献是发现了稀有气体,而这项贡献产生的经过,需要先从剑桥大学的雷利教授在实验中发现的问题谈起。

　　剑桥大学卡文迪许实验室的雷利教授在测定氮气的密度时发现了难解的奇怪现象。具体地说,就是由于氮气的制取法不同,其密度也不一样。从空气中所制得的氮气的密度是1.2572克/升;但从氮化物中制得的氮气,反复多次地测其密度,其平均值是1.2505克/升。两者的密度之差为0.007克/升。虽然只差0.5%,但这绝不是实验的误差。这究竟是什么原因造成的？雷利认为可能有两种原因。

一是从空气制得的氮气之所以密度稍大一点,是因为没能把氧气除净。

二是从氮化物制得的氮气之所以会密度稍小一点,是因为在制氮的过程中生成了较轻的氢气或氨气等气体,作为不纯物质混入到氮气中去了。

雷利对这两种可能性做了进一步的分析。对于第一种,如果说由空气制得的氮气里混入了氧气的话,实际上氧只比氮稍重一点,若要

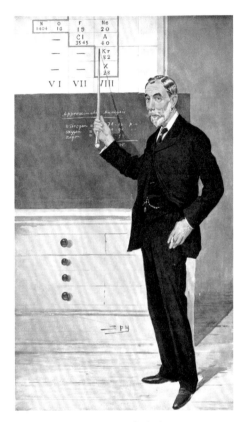

图4-19　拉姆塞

使其产生0.5%的差异,则需要混入大量的氧气才能达到,而从实验操作的技术上来检查,不会出现这样的严重失误。对于第二种,由氮化物所制得的氮气如果能混入氢气或氨气等气体的话,那么由于每次不同的实验过程里最终测得的密度都相同,意味着每次都混入了相同比例和数量的不纯物质,这也是不大可能的,然而雷利还是慎重起见,多次地重复了除掉不纯物质的实验,即使这样也始终未能发现有质量上不一致的现象。就这样,这两种可能性在理论或实践上都被否定了。

雷利在无可奈何之下,为了向化学界同行求教,便在《自然》这份学术刊物

上介绍了实验的过程、结果和疑问。虽然在不久后收到了一些回信,但都未能使雷利感到满意。

在这不久之前,拉姆塞正在进行使用各种金属催化剂,直接由氢气和氮气合成氨气的研究实验,虽然都未能成功,却发现了氮气的一种新性质,那就是在高温时,镁金属能吸收大量的氮气而生成氮化镁。对于化学性质较为稳定的氮气来说,这确是少见的性质。拉姆塞立即想到利用这一新发现的性质,有可能解决雷利提出的检查氮气纯度的问题。于是,他把镁粉装在耐高温的玻璃管里,一边通以事先准备好的、从空气制得的氮气,一边持续加热,之后取出玻璃管里剩余的氮气,他在测定其密度时,惊奇地发现剩余气体的密度稍微增大了一点。

拉姆塞认为这可能是解决难题的重要线索,便立即扩大了实验的规模,反复地做了同样的实验,发现最后剩下的气体的密度总是稍大一点。不只如此,加热的时间越长,剩余部分的密度也随之增大。从这些实验数据可以想到,从空气制得的"氮气"里,还含有密度较大的气体。拉姆塞最开始怀疑这种密度较大的气体是分子结构为三个氮原子的气体,但又想到可能性不止一种,也许还有其他较重的气体,于是决定不管怎样,还是把最后剩下的气体用分光器测试一次。没想到,测试时发现了红色和绿色的美丽的光谱线,而且是在已知元素中从未见过的。这是新元素,一定是蕴藏在空气中还未被发现的气体元素!

另一方面,几乎在拉姆塞进行实验的同时,雷利也做了关于从空气制得的氮气的纯度实验。两人商定互通信息,密切合作,联合攻关。研究工作进展得很顺利,他们一致认定,这种新元素的原子量为39.88,没有化合能力,所以命名为氩(Argon,是"不发生作用"或"懒惰"的意思)。他们在1895年发表了《空气中含有的新成分——氩》的报告,这项发现在当时是百年来关于空气成分研究的新突破。

图 4-20　拉姆塞在实验室

　　次年,拉姆塞在放射性矿物中再次发现了法国化学家詹森发现过的氦元素。1898 年以后,拉姆塞又连续发现了氖、氩、氪、氙这 4 种元素。这样,元素周期规律表中的 6 种惰性元素就都被拉姆塞发现了。不仅如此,拉姆塞还弄清了它们的化学性质,确定了它们在元素周期规律表中的位置。他把发现的惰性元素作为一族,完整地插入了化学元素周期表中,进一步完善了化学元素周期表。

伦琴与X射线

德国物理学家伦琴在研究阴极射线的实验中发现了一种意想不到的现象:当阴极射线放电管放电时,位于不远处的涂有氰亚铂酸钡的屏发出了微弱的荧光。因为没有办法解释发出荧光的原因,他推断,看到的荧光可能是由一种未知的射线引起的,并进一步研究揭示了这种射线的一些性质,例如不被磁场和电场偏转,穿透力强,可使底片感光。

这种射线今天被称为X射线或伦琴射线。X射线的发现有深远意义。对X射线的研究导致了天然放射性的发现,为研究微观物质的结构开辟了一个新的时代。X射线的发现标志着现代物理革命和现代科学革命的起点。

X射线的发现源于当时热门的对阴极射线性质的研究。1859年,德国物理学家普吕克用盖斯勒管发现了阴极射线。英国科学家克鲁克斯在1875至1878年间对盖斯勒管做了改进,改进后称克鲁克斯管,用其进行多种实验后发现,阴极射线由带负电的微粒组成。

德国涅尔兹堡大学物理教授伦琴对研究阴极射线感兴趣。1894年6月,他开始该项研究,据他在同月21日给他曾经的亲密助手岑德尔的信中说,他"将阴极射线通过正常密度的空气和水进行实验,受到鼓舞"。

1895年11月2日,他意外发现,在克鲁克斯管2米之外的涂了氰亚铂酸钡材料的纸板上出现了荧光。由于阴极射线在空气中只能传播几厘米,他认为这一现象是由某种未知射线造成的,因为该射线可在空气中延伸2米远,并使放

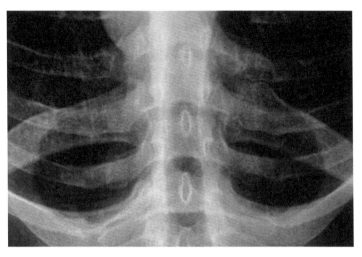

图 4-21　人体 X 射线照片

在板凳上的氰亚铂酸钡纸板发出荧光。他又发现,这种射线能穿透纸片、木板、玻璃、铝片,并能使照相底片感光,甚至使捏住木板的手感光,但它能够被铅板所阻挡,而且三棱镜几乎不能将它折射。

　　这位喜欢独自研究的学者,因所发现的射线性质如此奇特而惊异苦恼,直至 12 月 22 日他的妻子一再询问时,他才说"发现了一种有趣的现象",稍后又意外地拍下了她的手指骨和戒指的照片。伦琴说:"这个发现是偶然的。"但是,意外的发现总是留给有准备的有心人,这位年过 50 并有 26 年物理实验经验的教授得到这项意外的发现,确是偶然,但大量事实说明这其实是长期思想和知识准备的结果。

　　经过 18 个月的全力研究,伦琴终于在 1895 年 12 月 28 日写出他关于这项发现的第一篇学术论文《关于一种新的射线》。辐射研究是 19 世纪后期最引人注意的热门课题之一,物理学家试图通过这种研究突破经典理论遇到的一系列障碍。电磁波、阴极射线和热辐射方面的每个实验进展都引起了不小的轰动,而奇异的 X 射线的发现注定会引起各国的爆炸性反响。

全世界的物理实验室几乎都停下手头的工作,投入对于X射线的重复实验中,"全世界的报纸都迅速报道了这个射线的发现,普遍加上他们对其价值的猜测"。有人为之欢呼,有人说那是"死光"而感到恐惧,有人则在话语中掺杂着嫉妒和渲染。物理学家们忙于探索其机理,医生和医学家们希望了解它对内脏和骨骼疾病探测的应用,照相行业则称之为"新照相术"。

欧洲大陆最具影响力的报纸详细地报道了它的发现经过和异常穿透力,伦敦的《自然》杂志分别在几天内以"新照相发现""敏感的故事"发出评论,纽约的《科学》杂志认为"这可能是影响外科领域的最重要进展之一",巴黎科学院的院报报道了用伦琴射线所做的第一例医学诊断。后来该院举办了关于X射线的演讲,演讲内容在其院报上发表。

伦琴的诞生地——荷兰的连尼普市授予他荣誉市民身份,在他的名字前冠以称号。据伦琴传记统计,光是在1896年这一年,世界各处就发表了1 500

图4-22 伦琴发现X射线的实验室

多篇关于 X 射线的新闻报道和学术文章。发现 X 射线引起的巨大反响"在整个科学史上,对于欧洲的科学中心而言,产生了或许从未有过的广泛、迅速和戏剧性的影响"。

除了不得不出席三四次讲学外,伦琴几乎拒绝了其他一切邀请和露面机会。由于连续 4 个星期无法安心进行一次实验,他直到 1897 年 3 月 10 日才得以将学术论文《关于 X 射线属性的进一步观察》交由普鲁士科学院发表。

伦琴在发现这种射线初期曾经说过这样的话:"起初,当我得到这个穿透性射线的惊人发现时,它是这样奇异而惊人,我必须一而再、再而三地做同一实验,以便绝对地肯定它的实际存在。除去实验室中这个奇怪现象之外,别的我什么也不知道。它是事实还是幻影?"

可见,那时的伦琴对于这个射线是什么完全不了解,这就是他在发表的第一篇论文中用数学上的未知数符号"X"对其命名的原因。

自 1855 年盖斯勒管出现后的 40 年间,欧洲各国研究阴极射线的学者甚多,其中许多人声名卓著。这些人的成就卓著,经验丰富,且已经对此研究了几年甚至几十年,为什么只有伦琴发现了 X 射线呢? 尽管这项发现出于偶然,但是除了前人的经验和知识积累之外,伦琴独特的实验研究风格和实验素养起到了不可否认的重要作用。

伦琴拥有严谨从事物理实验的求实精神。伦琴是在苏黎世大学取得博士学位的,他师从名师孔德,并作为他的助手开始物理实验。导师献身实验研究、倡导创造性的精神,以及苏黎世大学的学风,都对伦琴影响很深。伦琴做实验力求准确,不出可靠结果绝不罢休,也因此深受导师的欣赏和信任。

伦琴还秉持凡事力求准确无误的优良学风。伦琴对实验的态度以极其仔细和精确著称。他忌讳匆忙发表论文,他的论文一旦发表就从来不需改动和更正。对于科学家而言,这种素养至关重要。

不仅如此,伦琴还拥有出色的实验技巧和坚定的批判精神。伦琴自 1869

年开始从事专业物理实验,到发现X射线,其间有26年的实验经验,具有从各个角度设计和运用各种实验方法进行准确实验的思想和技巧。探索实验方法的准确性以及批判精神、求实态度,都是他排除前人成见而发现X射线的重要原因。

微信扫码

看科学实验小视频高效学习
添加学习助手获取服务

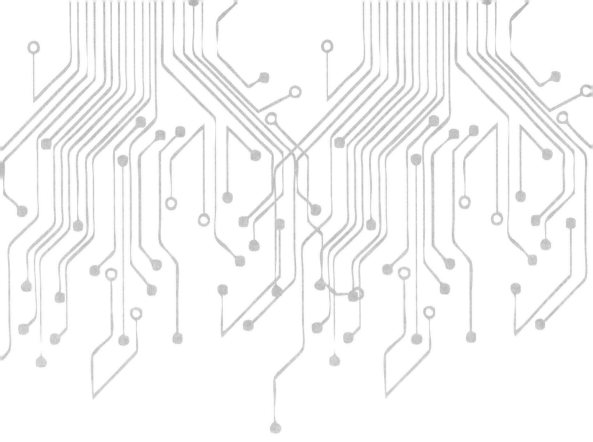

第5章

科学实验促进以科学为基础的
技术的兴起

索尔维与氨碱法

科学实验之旅

索尔维工艺通过一些简单原料——石灰石、氯化钠和重复利用的氨（当时欧洲炼焦的副产品），来生产市场需求广泛的纯碱，索尔维制碱法的发明是在以科学为基础的工业诞生之前基于经验发明创造的一次奇迹。索尔维没有受过科班教育，曾经在叔叔的煤气工厂工作，当时他对一个化学反应非常感兴趣，那就是饱和食盐水加碳酸氢铵溶液后生成碳酸钠和氯化铵[①]。他认为自己发现了新工艺，希望靠这个工艺办厂生产纯碱。索尔维经过一系列实验，发明了索尔维塔等设备，成功地实现了制碱工业化。索尔维因此获得了巨大的财富，创办了著名的索尔维科学会议，并从1911年开始邀请全世界的顶尖科学家参会。

纯碱是我们今天在厨房里常见的物质，在超市里很容易买到。但在一百多年前，情况可不是这样。在西方，用工业方法生产出高纯度的碱，最早使用的是十八世纪末法国化学工程师路布兰发展的一种工艺，但这个工艺有很多弊端。所以，后来才有了索尔维的发明创造。

索尔维是比利时人，1836年出生在比利时布鲁塞尔的一个工厂主家庭。索尔维在以食盐、石灰石和氨制造纯碱的实验中取得成功，成为使用这种方法成功实现纯碱生产工业化的第一人，而这种工艺就被叫作氨碱法或索尔维法。因为索尔维没有受过正规教育，他的发明创造全部依靠经验，所以这可以说是一

[①] 氯化铵：简称氯铵，指盐酸的铵盐，多为制碱工业的副产品。——编者注

个奇迹。

受家族生意的影响,索尔维年轻时的理想是从事化工产业工作。索尔维最初在他叔叔办的一个煤气厂工作,在工作期间对煤气制造工艺等方面日益熟悉,积累了第一手的经验。在这个过程中,他产生了一种想法,即用食盐来制碱。当时他对一个化学反应非常感兴趣——在饱和食盐水中加入碳酸氢铵溶液,最后生成碳酸钠和氯化铵。他认为自己发现了新工艺,希望靠这个技术办厂来改变自己的处境。其实,这种以食盐和碳酸氢铵反应为基础来制造碳酸钠的方法,此前也有很多人尝试过,但都没有成功。

在1872年左右,比利时的第一座索尔维法工厂取得了成功。它的基本工艺包括:第一步,配制饱和食盐溶液;第二步,通过氨吸收塔将氨吸收进入饱和食盐溶液;第三步,在碳酸化塔进行碳酸化,即把二氧化碳通入经过氨吸收的饱和食盐溶液,碳酸化的目的是制造碳酸氢钠的结晶,再将结晶过滤,煅烧得到成品碱;第四步,将上一步反应后生成的氯化铵经过氨蒸馏塔进行蒸馏,把氨蒸出来循环使用;第五步,用煅烧炉将碳酸氢钠煅烧分解出碳酸钠,此外,用石灰窑烧制生石灰和二氧化碳。索尔维的贡献在于成功地制造出关键设备,解决了废弃物和整个流程连续生产的问题。索尔维进一步改善工艺流程时,又设计出结构紧凑高效的密封设备,主要是碳酸化塔和其他塔干燥器,从而保证了过程的完整性和连续性。

索尔维在解决一些工艺难题时,主要凭经验摸索,解决了生产环节中的很多困难,例如液体和气体混合的问题,终于实现了工业化的连续生产,摸索出了实现盐水吸氨和饱和氨盐水碳酸化的工艺条件,在此过程中索尔维也非常欣赏自己的一些创造。索尔维法有四大优点:第一是生产过程温度低,可以节省很多能源;第二是利用廉价的盐水代替精制食盐,并且没有硫酸的消耗;第三是生产过程简单,缩减了一半的劳动量;第四是制取的产品纯度高。索尔维法在20世纪取代了路布兰法制碱工艺,成为纯碱制造的主流工艺。

在实验室里的一个反应步骤,在化工生产现场往往需要几个装置来完成。氨碱法的主要装置有石灰窑、化灰机、氨吸收塔、碳酸化塔、过滤机、煅烧炉、蒸氨塔。碳酸化是氨碱法的核心工艺,索尔维对于碳酸化塔有独到的发明,所以碳酸化塔也叫索尔维塔。碳酸化塔是氨碱法最主要也是最重要的设备之一,索尔维式碳酸化塔比传统设备的效率高,且所需反应时间大大减少。索尔维塔高20余米,进塔气体需用二氧化碳压缩机送入。通常,几个塔组合起来,轮流清洗和碳酸化。碳酸氢钠经过滤、煅烧、生产出碳酸钠后,剩余液体被加入氧化钙后在蒸氨塔中蒸出氨循环使用。蒸氨塔是碱厂最高的反应釜,一般有40多米高,常常被看作碱厂的地标建筑。

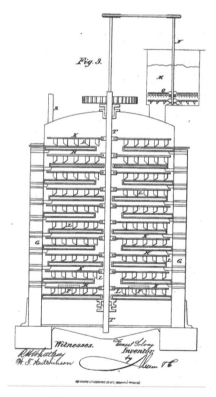

图 5-1 索尔维专利说明书中设备的插图

索尔维公司除了在欧洲各国和美国直接设厂外,也授权其他工厂使用该工艺与设备,蒙德是将索尔维工艺引入英国的第一人,他在1872年获得专利授权,所创立的卜内门公司于1874年生产出第一批产品后,成为英国最大的碱厂,是英国主要的化学公司——帝国化学工业公司前身。

在化工史上,在前面的研究者经历大量失败之后,只有索尔维能充分地通过实验确定食盐转化为纯碱的最有力工艺条件。索尔维开发的氨碱法成为世界工业史上最重要的里程碑之一,其工艺流程、主要设备是合理的。一百多年来,除个别情况外,其流程和设备基本上没有改变,在世界各地纯碱厂持续运用。

索尔维制碱成功以后,创办了著名的索尔维科学会议,第一次会议在1911年召开,很多当时的著名科学家都参加了这次会议。索尔维科学会议为科学家搭建了一个著名的交流舞台,在科学史上影响深远。

图 5-2　索尔维工厂场景

西门子与发电机

德国发明家兼企业家维尔纳·冯·西门子因其在电气领域做出的多项重要发明和贡献,被誉为德国"电气之父"。1866年,西门子在制作电气点火机的过程中,发现并阐明了发电机的原理。1867年,他向柏林科学院做了书面汇报,又经过实验改进,研制成功了一种直流发电机,这种发电机在后来的电车和电动机领域展现出广泛的应用前景。西门子作为电气工程的先驱,促进了电气工程学的发展,同时也积极推动了德国发明专利的保护。在1863年至1877年间,他参与制定了关于技术创新的权利保护的法律框架,极大地推动了德国工业技术的发展。

科学实验之旅

图5-3 西门子

人类进入电气化时代,维尔纳·冯·西门子(1816—1892)功不可没。没有任何一个人能够像西门子这样,在电的应用方面做出如此巨大的贡献,他不仅建立了西门子公司,同时也改变了整个世界的日常生活。

西门子是一位发明家兼企业家,1866年,他进一步深化了法拉第的电磁感应理论,发明了发电机。发电机的诞生使大规模、低成本发电成为现实,并为人们的工作条件带来了彻底变革,流水线模式和电力的广泛使用被视为第二次工业革命的标志。

自1878年起,西门子开始尝试为柏林的大街安装路灯。1879年,西门子在工业产品展览会上第一次向世人展示了电气火车。1881年,第一辆有轨电车在柏林南部运行。

西门子所处的时代是工业研究实验室兴起的时代。工业实验室的发端是以科学为基础的工业的重要标志,西门子是第二次工业革命的英雄。从青年时代起,他就致力于电力技术的应用研究,曾发明电镀法,并从事电报机的研制和生产。1847年,他创办了以电报设备生产为主的西门子公司,公司附设从事研究和开发的科学实验室,这是历史上最早的工业实验室。

工业实验室最早萌芽于法国,发育成熟于德国。在工业实验室产生的过程中,拜耳、西门子等科技型企业家起到了示范作用,尤其以德国工业实验室的表现最为突出。

德国在19世纪下半叶的成功归功于两个因素:工科学校的兴起和工厂研究实验室的设立,这可以同时为工业的不断增长提供所需的工程师和科学家,从而成就了以科学为基础的工业。

西门子在把法拉第发现的电磁感应原理发展成为技术的过程中,做出了非常杰出的贡献。

西门子在部队服役期间,了解到社会对于快速可靠通信的需求。因此,他于1847年生产了一部指针电报机,它不但因为可靠性而闻名,而且为同年他在柏林创立西门子和哈尔斯克电报机设备公司打下了基石。西门子的合伙人约翰·格奥尔格·哈尔斯克是一名机械师。

西门子有了一台可靠的电报机后,看到了更多的可能性。他安装了第一条地下电缆,从柏林一直延伸到一个相距20英里的小镇。

他意识到,英国发明的杜仲橡胶有助于电缆的绝缘,这意味着,电报线将可以到达世界上任何地方,甚至南北战争后的美国。他安装的第二条地下电缆从柏林通往美因河畔的法兰克福,当时正值国民议会召开,政治局面混乱,因此电缆被深埋地下,以防破坏。

西门子发明了发电机,这后来被认为是他最伟大的发明。

西门子在发明电镀法时,曾使用过伏打电池、皮克希和惠斯通的发电机作为电源。西门子发现,提高发电机功率的关键在于加强电磁铁的磁场,而这又依赖于加强电磁铁的电源。可是,伏打电池的电流总是有限的,若增加电池组的个数固然可以增强电流,但这会使得发电机过于笨重。

1866年秋季,西门子在研究如何用圆筒感应器来制作电气点火机时,发现了一个问题:是否可以不利用所谓的额外电流,就能加强感应电流?西门子观察到一台电磁机在通过它的线圈时产生了逆电流,它令工作效率大大削弱,因为这种逆电流会明显减少有效蓄电池的能量;相反,当这台电磁机在外作用力的作用下朝相反方向旋转时,蓄电池的能量就会增强。这种情况是必然的,因为逆向反转运动同时也会使感应电流的方向反转。

经过多次实验,西门子发现,如果在一台安装合适的电磁机的固定磁铁上一直保持充分磁性的话,那么通过这种磁性所产生的电流就会逐渐加强,从而可以在逆向反转运动中产生令人吃惊的效果。西门子认为这是发电机的发明及其初步应用所依据的原理。

1866年12月,西门子向柏林的物理学家马格姆斯等展示了一种发电装置,并指出它里面并没有电池和永久性磁铁,因而不用消耗任何电能就能以不同的速度朝一个方向旋转。如果这个电磁机向反方向旋转,就会产生一种几乎不可抗拒的阻力,从而形成一股强大的电流,使金属线圈很快发热。马格姆斯看到这些感到非常惊奇,自愿代他向柏林自然科学院书面报告这个发明。西门子给这种机器取名为"直流发电机",并得到了普遍认可,在实际应用中俗称为"发电机"。

图5-4　直流发电机

　　西门子发明的是世界上第一台自馈式发电机,即将发电机所产生的电流分出一小部分引到电磁铁上,这样就能极大地提高发电机的功率。西门子发电机在电力技术发展中的历史地位相当于瓦特的蒸汽机在蒸汽技术中的历史地位,具有划时代的意义。

　　西门子清晰地预见了电力工程的超常增长,并让西门子和哈尔斯克公司不断地开发各种新型电力应用设备,第一条电气铁路、第一盏电力路灯、第一部电梯、第一辆有轨电车纷纷面世。"西门子"这个名字成为电气工程的同义词,一个由西门子自己创造的词。

　　1879年,在西门子的支持下,电气工程协会成立,它的一个目标是在工业大学中引进电气工程专业。值得一提的是,1874年,他被选为普鲁士科学院院士,成为当时科学院中少数没有博士学位的院士之一。

图5-5　西门子公司总部

诺贝尔与炸药

　　作为诺贝尔奖的创立者,诺贝尔的名字在今天家喻户晓。受父亲的影响,诺贝尔从小就对化学研究这种神奇的"魔术"产生了浓厚的兴趣。少年时代,他喜欢到父亲的工厂参观,对发明具有浓厚的兴趣,而后子承父业,从事炸药研发。经过无数次试验,诺贝尔终于研制出硝化甘油炸药。1867年,诺贝尔申请了制造硝化甘油炸药的专利权,在采矿、筑路、开挖隧道等方面发挥了重要作用,并因此获得了巨额财富。诺贝尔立下遗嘱设立诺贝尔奖。

诺贝尔的父亲是一位发明家,对化学研究很倾心,尤其喜欢研究炸药。受父亲的影响,诺贝尔从小就对化学这种神奇的"魔术"产生了浓厚的兴趣。他最初的化学知识就是来自他父亲的教诲。一次,父亲在家做试验时,由于意外引起的炸药爆炸引起一场大火,把他们的家烧了个精光,同时祸及四邻。倾家荡产的老诺贝尔只好到国外去寻找生路。老诺贝尔发明了一种新型水雷,俄国政府购买了这一发明,聘请他去监督制造。就这样,诺贝尔9岁时,随全家移居俄国。当地没有瑞典人的学校,他与两个哥哥一起跟着家庭教师学习自然科学和语言等课程。平时,他很喜欢到父亲的工厂去,对搞发明创造有浓厚的兴趣。

在诺贝尔17岁那年,父亲决心送他去周游世界,希望诺贝尔去学习各国新的科学技术。就这样,诺贝尔只身离家,漂洋过海,开始周游世界的游学旅行。他先从德国启程,接着乘船去意大利,而后又来到法国首都巴黎。告别巴黎之后,诺贝尔到英国参观海德公园水晶宫的世界博览会。最后,他横渡大西洋,踏上美国国土。诺贝尔的世界旅行,历时两年。

这两年里,他不仅欣赏了大自然的奇异风光,更重要的是拜访了众多的大学研究所,参观了各种科学实验设施,结识了不少科学家、教授。

诺贝尔从研究硝化甘油这种物质的稳定性入手,进一步发现,把它和中国发明的火药混在一起,就可以制成威力更强大的炸药。为了解决用火药引爆硝化甘油的方式效果不理想的问题,诺贝尔埋头试验,希望找到一种能够替代火药的引爆物。

同时,诺贝尔致力于发明更具爆炸力的炸药,为此投入了艰苦而又复杂的劳动,以及更加危险的试验。经过无数次试验,诺贝尔终于制成了这种炸药,但对炸药的爆炸力无法做出正确的判断,因而进行了一次冒险的试验。这一天,他把工作人员全部赶出实验室,自己一人留在那里,要亲自点燃导火线,大家不放心他的安全,多次劝说,不让他点燃导火线,但诺贝尔执意坚持。他清楚记得

图5-6 诺贝尔

上一次失败的爆炸试验,因此他一定要让危险远离他人。大家见劝说无效,只好远远地离开,静静地等待着试验的结果。

上一次事故发生在1864年9月3日,一声巨响,他的实验室被炸得支离破碎。他的小弟埃米尔和另外4名助手当场被炸死。诺贝尔当时不在现场,才得以幸免。由于危险太大,瑞典政府禁止重建这座实验室。但被认为是"科学怪人"的诺贝尔怎能坐得住呢?

诺贝尔从此陷入无限的悲痛之中,在心里进行着强烈的思想斗争:怎么办?是放弃试验,还是继续?

但诺贝尔明白,科学试验是不可能一帆风顺的,如果从此放弃试验,弟弟和同事的鲜血不是白流了吗?

于是,在朋友的帮助下,诺贝尔租了一条大船,在瑞典首都附近的马拉伦湖上搞实验。这样便可以避免因爆炸引起其他人员的伤亡和建筑物的破坏。诺贝尔在船上冒着生命危险,进行了几百次的试验。

诺贝尔是从一位大学教授那里听到关于硝化甘油的信息的。1854年,诺贝尔开始研究硝化甘油,他查阅了大量的资料,设想将吸附了硝化甘油的硅藻土模压成型,这样就算摔打、锤击乃至用火点燃它们,都不致引发爆炸。至于如何引爆它们,则可以使用他发明的引爆雷管。于是,一种具有强大威力的黄色烈性安全炸药问世,此后在采矿、筑路、开挖隧道等方面发挥了重要作用。

诺贝尔成功发明了威力强大的炸药后,在许多国家申请了专利,也在很多国家建造了炸药厂，很快便成为富甲一方的"炸药大王"。后来，他移居巴黎，在实验室中继续进行各种炸药的研究和试验，以改进制造炸药的方法。诺贝尔的安全炸药比黑火药的威力大，而且安全可靠，因此销售量直线上升，逐渐风行全世界。

诺贝尔把自己的毕生精力和大量遗产都贡献给了科学事业。今天，以他的名字命名的诺贝尔奖成为举世瞩目的最高科学大奖，它象征着科学界的最高荣誉。

诺贝尔是一个和平主义者，他从未打算将他的发明用于战争，他发明改良性炸药的初衷只是为了让炸药的使用过程更加安全。

1896年12月10日，诺贝尔在意大利逝世。他在逝世前夕立下遗嘱，将他的部分遗产（920万美元）作为基金，以其利息分别设立物理、化学、生理学或医

图5-7 粉末爆炸

图 5-8　诺贝尔炸药

学、文学及和平 5 种奖金(后来增加了"经济"奖),授予世界各国在这些领域对人类做出杰出贡献的学者。诺贝尔奖的颁奖仪式都是在下午举行,这是因为诺贝尔是在 1896 年 12 月 10 日的 16:30 去世的。

诺贝尔奖看重的是那些最优秀的原始创新研究成果,而科学实验是获得科学发现的重要条件。

哈伯合成氨

如何将空气中丰富的氮固定下来并转化为可被利用的形式，这在20世纪初成为众多科学家关注的课题。德国科学家哈伯就是从事合成氨方法理论研究和工艺实验的化学家之一。通过克服高压实验设备和催化剂的难题，他成功地在实验室实现了合成氨。后来，巴斯夫公司的波施等人的工作，进一步实现了该方法从实验室到工业化的转化，是现代合成氨工业的开端。哈伯、波施合成氨工艺是化工发展史上的一个里程碑，引发了肥料生产的变革，促进了全球粮食产品史无前例的增长。有人推算，地球上大约有48%的人口是由合成氨技术增产的粮食所养活的。

哈伯于1894年的春天来到卡尔斯鲁厄。哈伯在卡尔斯鲁厄大学的17年，正值德国工业技术进步、科学繁荣的时期。哈伯本人非常繁忙并有进取心，他在授课和发表文章的同时，一直在进行自己的实验并不断地申请专利，而且还为工业和政府提供专家建议。在将理论和实验相结合，以及将科学研究与技术应用相结合方面，哈伯都非常在行。

1900年，哈伯因为授课而在国内外获得了名气，他的实验室吸引了越来越多的外国学生。到1911年离开卡尔斯鲁厄时，哈伯已经组建了一个非常庞大的研究团队，大约有40人（包括研究生）。

众所周知，虽然大气中的78%为氮气，但它并不能被植物直接吸收而转化为生命有机体所必需的氨基酸、蛋白质等诸多含氮有机物质。利用氮、氢为原料合成氨的工业化生产曾是一个很难的课题，从第一次实验室研制到工业化投产,约经历了150年的时间。

20世纪初,作为用以制造肥料和炸药的氮化合物的来源,智利出口的硝石总量高达世界肥料生产总用量的三分之二,最大的进口国是远在地球另一边的德国和英国。智利硝石对德国农业和炸药生产非常重要,如果强大的英国海军将运输线路封锁起来,后果不堪设想。氮化合物供给的国产化比从世界各地进口硝酸钠更可取,因此德国科学家们开始研究利用空气中的氮气生产用于制造肥料的氮化合物的方法。

1902年初,哈伯去美国进行科学考察,参观了一个模仿自然界雷雨放电来生产固定氮的工厂。1904年,维也纳两位化工企业家马古利斯兄弟找上门来,愿意资助哈伯的研究工作。哈伯开始投入到合成氨研究中。1905年,他出版了他的工艺气体反应热力学专著,这为他后来的热化学研究工作奠定了基础,是一个重要的里程碑。1906年,哈伯获得物理化学教授席位,在38岁的时候实现了自己的学术目标。

在合成氨实验中,哈伯通过实验获得的产出结果稍高于同样进行合成氨研究的化学家能斯特,但在1907年的一次学术会议上,能斯特攻击新科教授哈伯的数据"极其不可靠"。在能斯特公开攻击的刺激之下,哈伯开始疯狂地工作。哈伯首先进行一系列实验,探索合成氨的最佳物理化学条件,他没有成功的经验可借鉴,一切都是依靠实验来检验。为了节约时间,哈伯取消了自己的一切娱乐活动,有时候整整一个星期都不出实验室。

在来自英国的助手罗西尼奥尔的帮助之下,他将理论知识同巧妙的实验方法结合起来,并且在一年之内就获得了首次成功。接下来,他将一种高压设备与偶然发现的新催化剂——锇相结合,于1908年成功地在卡尔斯鲁厄大学建立了一个每小时能生产80克合成氨的试验装置。

1909年7月,哈伯把他们取得的成果介绍给他的同行和巴斯夫公司,并在他的实验室做了示范演示。尽管对反应设备事先做了细致的准备工作,可是实验开始不久,就发生了意外,导致设备损坏。

他们花了不少时间把损坏的地方修好,又进行几小时的反应后,公司的经理和化工专家们亲眼看见清澈透明的液氨一滴滴地流了出来。但是,实验开始时发生的意外却是一个严重的警告,说明需要继续改进这套装置,并采取各种措施,以避免事故发生。尽管出了一些事故,但巴斯夫公司的经理和专家们还是一致认为这种合成氨的方法具有很高的经济价值。

如今,我们若到德意志博物馆参观,会有机会看到保存在那里的当年哈伯在实验室用于制取合成氨的设备。加压的合成气体(氢气、氮气和微量氧气)通过已加热的作用于微量氧的铂金催化剂,通过干燥机,进入接触空间,再通过水冷却、电加热,经过冷却槽,最后合成氨经液化器导出,未反应的合成气体则回到高压泵循环。

图5-9 哈伯实验室装置

哈伯申请的合成氨方面的专利主要有几项。在1908年他所申请的著名专利中,哈伯记述了使反应气体在高压下循环加工,并从这个循环中不断地把反应生成的氨分离出去,从而实现氨合成的工艺过程。他在这个专利中还记述了在高压气体循环中实现热能回收的措施。当氨气特有的那股刺激性气味在实验室内出现的时候,所有在场的人都欢呼雀跃起来。1909年,哈伯使用实验室内的高压装置,用锇催化剂得到了合成氨浓度为6%的产率,他向外界报道了这一成果,从此使合成氨方法走出了实验室。1913年,巴斯夫公司实现了工业化生产。

因为第一次世界大战,诺贝尔奖1916年和1917年的奖项被取消。但在1918年,战争结束后,弗里茨·哈伯获得了诺贝尔奖。这可能是科学领域中最有争议的一次颁奖。哈伯的合成氨方法得到了应有的尊重,而且产生了重要的农业效益,不过与此同时,哈伯的发明也为第一次世界大战带来了恐怖的毒气武器。

图5-10 哈伯合成氨反应釜

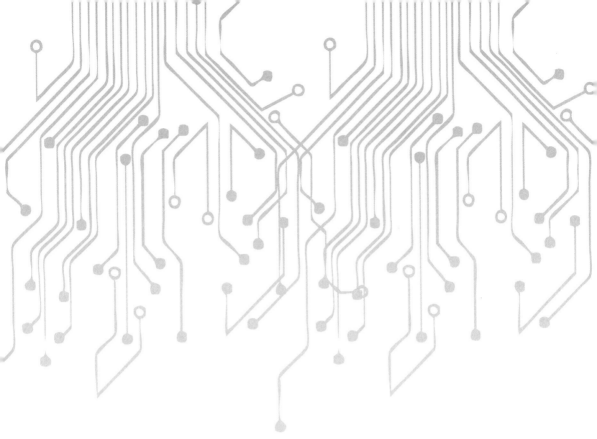

第 6 章

科学实验探究宇宙的奥秘

居里夫妇与镭

法国科学家皮埃尔·居里夫妇是放射性元素镭的发现者,是20世纪原子时代的先驱。天然放射性的发现,引起了居里夫人的极大兴趣,她把放射性研究作为自己博士论文的题目。夫妇两人利用丈夫发明的仪器设备,在简陋的实验室中,在上百次实验的过程中,一起寻找一种放射性很强的未知元素。经过艰苦的提炼分离过程,两人最后实际上发现了两种新元素——钋和镭。镭的发现是人类打开原子世界大门的重要一幕。他们不怕艰难地置身实验室为科学研究而献身,又不以科学发明谋取个人利益,他们的一生体现了科学精神和爱国主义精神的统一。

在镭的发现之前,法国学者皮埃尔·居里已是一位声誉卓著的物理学家。作为实验物理学家,居里有他独具的才能。他每从事一项新的研究,就能开辟出一个新领域,并为这个新领域研究的需要而创造新工具或改进旧仪器,总是独出心裁。居里发明的仪器设备,例如居里天平和居里静电计,都曾备受各方赞誉。

当时,柏克勒尔关于铀及其化合物的放射性现象的重大发现,引起了居里夫妇的特别注意。铀和它的化合物为什么会具有这种放射特性呢?放射射线的性质是怎样的?产生放射现象的能量又是从哪里来的?这些问题的答案全都是谜。居里夫人决定要闯进这个未曾被开发的领域。

她要解决的第一个问题是,除了铀以外,有没有别的元素也具有同样的放射特性?她把所有已知的化学元素加以检查之后,发现钍和钍的化合物也具有

图6-1 居里夫妇

放射性。

　　她要解决的第二个问题是,各种不同的铀或钍的化合物的放射性是不是强

弱都相同? 为了解决这个问题,她决定用放射性射线所引起的空气电离的强弱

程度,来作为量度放射性大小的依据。她使用的设备是一个电离室、一个居里

静电计和一个由居里兄弟发明的压电水晶秤。

　　通过测量,居里夫人不久就获得了重要的结果:铀或钍的化合物的放射性

强度只与化合物中铀或钍的含量成比例,所含的铀或钍愈多,则放射性愈强,但

与它的化合情状和物理状态毫无关系。她由此得出结论:放射性是从原子内部

产生的。

　　居里夫人进一步检验了各种复杂的矿物,其中显示放射性的当然都是含铀

或含钍的矿物。如果它们的放射性强度与其所含的铀或钍的成分成比例的话,

那就毫无新奇之处。但出人意料的是,有几种矿物的放射性竟比它们若含同等分量的铀元素所应有的放射性还要大。例如,沥青铀矿并不全是由氧化铀组成的,而一些沥青铀矿的放射性甚至比纯粹的氧化铀强烈四倍之多。

居里夫人怀疑自己是不是哪里搞错了。她很小心地检查,并重复自己的实验,做了一次,又做一次,结果总是一样,这使她不得不相信,这个新的实验事实完全可靠。

除了铀和钍之外,别的已知元素都不具有放射性,不是她已经清楚知道的事实吗?在这些矛盾面前,她不得不做出大胆的假定:这些矿物中一定含有人们不曾知道的元素,其放射性比铀或钍要强得多。

她的研究结果太重要了,重要到居里不得不放下有关晶体的研究,来和她一起搜寻这个人类从来不曾知道的新元素。他们两个头脑,四只手,废寝忘食,昼夜不辍,试图从沥青铀矿中提炼出这稀罕的元素来。他们所用的方法,是以放射性测定为依据的新式化学分析。把矿物中无放射性的部分去掉,把有放射性的部分留着,这样一次又一次地去做,结果一二百千克的原料只剩下了数十克,主要是与硫化铋相混合的物质。但是,这点物质的放射性却比纯粹的铀要强四百倍。

他们废寝忘食,日夜在实验室工作,终于在1898年发现了新元素——钋。他们于1898年7月18日在法国科学院报告新元素的发现,并且十分谦虚地说:"假使这新元素的存在将来能够被证实的话,我们想叫它'钋',来纪念我俩中一人的祖国波兰。"

就在同一年,居里夫妇又在法国科学院宣布了第二种新元素的发现,这就是镭。在几个月的时间里,居里夫妇连续发现了两种新元素。

镭的发现,不只产生了一种新科学,还把治疗癌症的方法带给了人类。全世界都在狂热地谈论着居里夫妇的新发现。1904年,居里夫妇和柏克勒尔教授一起,荣获诺贝尔物理学奖。

1911年，居里夫人以制成金属纯镭这一成果再次获得诺贝尔化学奖。

不幸的是，1906年，正当壮年、年轻有为的皮埃尔·居里不幸去世，时年不满47岁。而当时居里夫人只有39岁。

居里去世后，居里夫人到处呼吁，希望能建立一个镭学研究所。她说："镭的发现固然是在穷困的情况下完成的，但这决不是成功的条件或理由，只不过弄得我们精疲力竭而已。为科学求进步，为人类谋幸福，除了禀赋的聪明与意志的虔诚外，还得有与之相称的设备。"

居里夫人创立和主持的镭学研究所，包括两个部分：一部分为物理实验室，研究放射性元素的物理和化学特性；另一部分为生物实验室，研究放射性射线在生物和医学上的应用，并附设肿瘤医院。

第一次世界大战结束的时候，居里夫人已经51岁，她回到了自己筹建的镭学研究所。从1919年到1934年，居里夫人继续着自己的研究工作，并指导着从

图6-2 居里实验室设备

各方慕名而来的后起之秀。在镭学研究所里,一大群青年学者围绕着她。在居里夫人培养出来的科学家中,就有她的女儿和女婿约里奥·居里夫妇。他们因发现人工放射性而在1935年获得了诺贝尔物理学奖。

密立根油滴实验

  20世纪初,汤姆逊发现电子并通过测量电子在磁场中的偏转确定了电子的荷质比后,美国物理学家密立根注意到了他的工作。为了精确测量电子的电荷量,密立根设计改进了测量电子电荷的实验,在平行的两块金属间喷入油滴,用显微镜观察油滴的运动,在油滴不带电、没有外加电场以及油滴带电、有外加电场的情况下,分别观察,根据结果计算出油滴的电荷,最后求得电子电荷。1923年,密立根获诺贝尔物理学奖。围绕着密立根是否对观察数据进行了美化,以及密立根是否占用了学生成果,学术界还存在着一些争议。那么根据现有资料,能够为密立根辩护吗?

  美国物理学家密立根在1923年诺贝尔奖的获奖演说里指出:"看过这个实验的人,事实上就已经'看到'了电子。"密立根指的是他的油滴实验。

  1897年,汤姆逊在阴极射线中发现了一种带负电的粒子,即电子。于是,如何测量电子电荷的值就成了紧迫的研究课题。从欧洲求学回到芝加哥大学任教的密立根对此非常关注。

  受到剑桥卡文迪许实验室团队测量方法的启发,密立根最初设计了一个用水滴实验来确定电子电荷的方法。1909年他开始着手进行实验,但很快发现水滴的蒸发速度太快,无法精确测量,所以他叫学生哈维·弗莱切尔思考如何使用蒸发较慢的物质来做实验。弗莱切尔很快就发现可以使用简易的香水喷壶所产生的油滴来做实验。

实验的思路是：为了测量单一电子所带的电荷，实验者将油滴所形成的细小油雾喷洒到一个上下分别装有金属片，且金属片之间施加了电压的电场中。由于部分油滴与喷雾器的喷嘴摩擦时会带电，这些带电油滴会受到正极金属板的吸引。带电的单一油滴的质量可以通过观察其掉落的速度来计算。如果调整金属板之间的电压，就可以让带电的油滴悬浮在两金属板间。根据使油滴保持悬浮状态所需的电压以及油滴的质量，就可以计算出油滴所带的总电荷。

实验者可透过特殊设计的望远镜来观察油滴，并记录它上升与下降的时间。反复地记录油滴上升、下降的时间之后，就可计算出它的电荷量。

密立根从1906年到1917年一直致力于细小油滴电量的测量，经过多次重大改进，历经十余年，终于得到了上千个油滴的确凿实验数据，精确地测定了电子电荷的值，直接证实了任何电量都是某一基本电荷 e 的整数倍。这个基本电荷就是单个电子所带的电荷，实验得出的基本电荷值为 $e = 1.6 \times 10^{-19}$ C。

密立根测量电子电荷的实验被认为是物理学上少数真正非常关键的实验之一，由于这个实验的原理清晰易懂，设备和方法简单、直观而有效，所得结果具有说服力，因此它又是一个寓有启发性的实验，其设计思想是值得学习的。现在大学物理实验教学中的油滴实验采用 CCD 摄像机和监视器，可以从监视器上观测油滴，图像鲜明，大大改善了观测条件，使测量结果更为准确。

密立根身后褒贬不一，有人认为密立根修改了实验记录，占用了学生的成果。1978年，科学史家霍尔顿经研究指出，密立根无缘由地去掉了一些看来有较大偏差的值。虽然这不能否定油滴实验的意义，但若此事属实，则是对数据做了些"整容手术"，也是学术不端行为。

这是真的吗？在加州理工学院网站上，有数据化的密立根实验记录本。它既可以供质疑一方所用，又可以为辩护一方所用。那么，是否如一种观点所说的："油滴实验是一个被人无数次重复,却很难做成功的实验。重要的是,有几人明白其关键之处?"

关于密立根是否占用了学生成果的争议,涉及应如何历史地评价一个科学家。科学道德标准和行为规范的产生是一个历史过程,评价一个科学家的所作所为,离不开历史的背景与脉络。在这里,笔者根据现有的相关资料进行探讨。首先,弗莱切尔的工作与密立根的工作不可等量齐观。密立根从1907年开始进行电子电荷测定工作,到1917年公布最好的测定结果,前后花了十余年时间。弗莱切尔在1909年12月到1911年间所从事的研究,只是一系列科学实验中的一部分。如果按照弗莱切尔自述,使用油滴做实验是他建议的,但从那之后又有其他博士生用虫胶做实验的事实来看,并不能说明弗莱切尔的这个建议是起决定性作用的。

以弗莱切尔的经验和经历,若没有密立根对实验的指导,是无法开展工作的。作为实验项目的设计者、指导者和组织者,密立根的工作和弗莱切尔的工作不在一个层面上。同时,密立根也没有否认弗莱切尔的工作,在他发表的第一篇相关论文中已有"和弗莱切尔先生从1909年12月开始就在一起进行这项实验"的叙述。

另外,1923年的诺贝尔物理学奖不仅是表彰密立根在电子电荷测定中的工作,同时也表彰他用实验证明了光电效应理论。

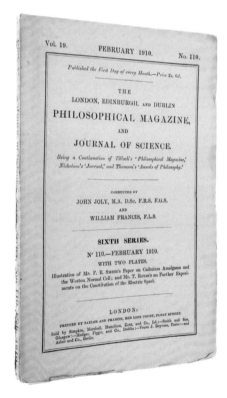

图6-3 密立根论文书影

在当时的历史条件下,尚未有一致规范指明密立根应如何处理该问题。即使对于今天的研究者来说,合作研究的署名问题仍然十分棘手。科学共同体中许多有效契约的形成和完善都有一个过程,需要在科学研究从个体活动为主逐渐发展到成为一种社会行为的历史过程中逐渐形成与完善。

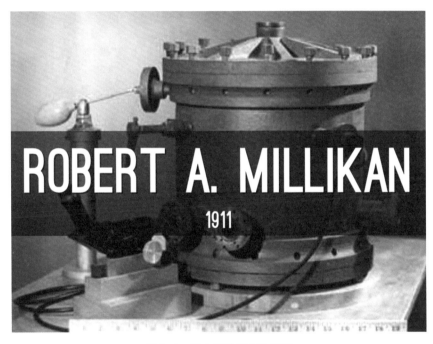

图6-4 密立根油滴实验装置

卢瑟福与α射线的本质

有"现代炼金术士"之称的卢瑟福是核物理学之父,他被认为是自法拉第以来最伟大的实验科学家,逝世后被埋葬在伦敦威斯敏斯特教堂的牛顿墓的旁边。卢瑟福在剑桥大学师从汤姆逊期间,开始了旨在详尽阐述贝克勒尔的放射性研究结果的一系列实验,在这些实验中获得了许多重要发现,例如发现了放射性元素的自发性分解,用实验证实了α射线的本质——α射线是带正电荷的氦离子流,这也鼓舞了他探索原子世界的勇气和信心。后来,卢瑟福借助新发明的仪器设备,通过α粒子散射实验,构建了原子结构模型。同时,卢瑟福领导的卡文迪许实验室被誉为"诺贝尔奖得主的摇篮"。

1895年,卢瑟福经过考试选拔,获得大博览会奖学金,拥有了赴英国留学的机会。他选择来到剑桥大学的卡文迪许实验室,师从汤姆逊。

汤姆逊对当时新发现的X射线等物理现象的基本研究吸引了卢瑟福。那几年,汤姆逊一直都在紧张地从事确定电子存在的工作,汤姆逊让卢瑟福去研究X射线在气体中产生的电离等效应。沿着这条路线,在1896年贝克勒耳发现了放射性之后,卢瑟福又及时地转而投入对铀引起的电离的测量实验中去,马上开展了旨在详尽阐述贝克勒耳的结果的一系列实验。

卢瑟福找到了这个现代物理学的生长点。

当时人们所知道的自然放射性物质有四种——铀、镭、钋和钍,卢瑟福及其助手索迪致力于开展对钍的研究。当时人们认为,钍通常以放射性气体的方式存在。

在分析这种"放射性气体"时,卢瑟福和索迪吃惊地发现它完全是惰性的——换言之,它并非钍。这怎么可能呢?索迪后来在回忆录中描述了那些令人兴奋的时刻。他和卢瑟福逐渐认识到,他们的实验结果"预示着一个惊人的结论,即钍元素气体自发地把自身变成了惰性的氩气"!

这是卢瑟福许多重要实验中的第一个实验:他和索迪发现的是放射性元素的自发性分解现象,这就像是"现代的炼金术",其所包含的意义是重大的。

他在做铀盐辐射的吸收实验时,又发现了铀盐辐射的奇特表现。卢瑟福发现铀辐射有两种穿透力不同的成分。一种穿透力较差,一进到物质层很快就会被吸收,他称之为α射线;另一种穿透力较强,他称之为β射线。

当时居里夫妇已经发现了辐射性强得多的镭。不久就有多人同时发现,镭射线处于磁场中时,有一部分会偏向一方。从偏转方向判定,它是由带负电的粒子组成的。继而,研究者从实验中测出了这些带电粒子的荷质比与运动速度,确证它们是速度特别大的电子。从穿透力来看,它们正是卢瑟福发现的β射线。

就这样,β射线的性质很快就搞清楚了。而α射线则仍是个谜,好几年都没有人能用磁场使它偏转,它看起来像是穿透力很差的一种特殊的X射线。对于这个问题,卢瑟福很感兴趣,因为只有彻底搞清α射线的本质,才能建立完整的放射性理论。他知难而进,选择了α射线作为研究方向。

最终他的研究结果是极其令人兴奋的,也正因此,1908年,37岁的卢瑟福以对元素蜕变的研究被授予诺贝尔奖。

氡是放射α射线的,氡又会不断地消失变成氦,人们很自然地推测α射线可能就是氦核。但是推测不等于事实,这要用实验来证明。

要做这个实验,首先要抓住α射线,然后才能检验它是不是氦核。为了达到这个目的,卢瑟福设计了一个非常巧妙的实验。

卢瑟福知道α射线可以穿透很薄的玻璃,而厚的玻璃就穿不过。他把放射α射线的物质,例如钋或氡,封在一个很薄的小玻璃管里,这个小玻璃管的壁非常薄,钋或氡放射的α射线可以穿过管壁跑出来。他把这个管壁很薄的、装有钋或氡的小玻璃管安装在一个管壁厚的、大一些的玻璃管里,然后把大玻璃管抽成真空状态。钋或氡不断地放射出α射线,α射线穿过薄玻璃管壁跑出来,但是碰到外层的厚玻璃管壁时就跑不出去了。α射线被抓住了!

几天以后,在两个玻璃管之间的夹层中已经捕捉到一定数量的α射线了。在厚玻璃管两端预先封好的电极上通上高压电,管中发出黄色的光辉,用光谱仪检验,真的是氦。

α射线原来就是氦,但它并不是普通的氦原子,因为α射线是带正电荷的。卢瑟福进一步证明,α射线是带正电荷的氦离子流。它们一粒粒地从放射性元素内部被射出来,速度非常大。因此,人们常常把α射线叫作α粒子。卢瑟福的这个实验是在1909年做的。

卢瑟福宣布,α粒子的电荷数是氢离子的电荷数的两倍。通过实验,他也证实了被人们怀疑的说法——α粒子就是带电的氦原子。这是卢瑟福担任曼彻斯特实验室领导者后,取得的第一项真正的惊人成就。这一成就也大大鼓舞了卢瑟福探索原子世界的勇气和信心。

卡文迪许家族曾将一笔财产捐赠给剑桥大学用于扩建实验室,卡文迪许实验室因此而得名。实验室渐渐发展为包括整个物理系在内的科研与教育中心。该中心注重独立的、系统的、开拓性的实验和理论探索,造就了许多著名的物理学大师。

"现代炼金术"这种提法很醒目,对于概括卢瑟福在卡文迪许实验室中对物质变化的研究来说很形象。1919年,卢瑟福接任卡文迪许实验室主任。卢瑟福在卡文迪许实验室有一张有名的照片,他在这张照片里显得十分霸气,据说他的大嗓门能影响到精密设备的精度。

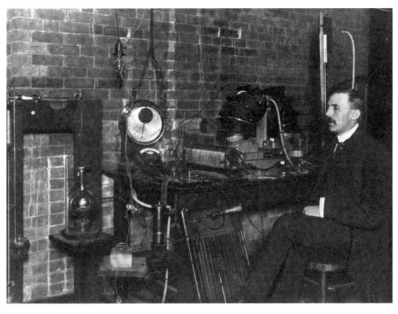

图6-5　卢瑟福在实验室

图6-6　卢瑟福师生

卡文迪许实验室有着上午茶和下午茶的传统,对于专注于研究的科学家们来说,喝茶是他们聊天休息的时间,更是思想和观点相互碰撞的场合。

卢瑟福所领导的卡文迪许实验室被称为"诺贝尔奖得主的摇篮",卢瑟福所带出来的团队被称为卢瑟福学派。卢瑟福无愧为伟大的导师,令人敬仰,他提携后辈,不遗余力,被传为佳话。

吴健雄与宇称不守恒的验证

华裔物理学家吴健雄被称为物理学的第一夫人[1],早年曾参加第一颗原子弹研制的机密计划"曼哈顿工程"。20世纪50年代,吴健雄致力于 β 衰变实验研究,其中最著名的贡献是以实验支持了杨振宁、李政道的宇称不守恒理论。她和她的团队,在极低温下用强磁场把钴-60原子核自旋方向极化,发现绝大多数电子的出射方向都和钴-60原子核的自旋方向相反。如果宇称守恒,就必须左右对称,左右手螺旋两种机会相等。这个实验结果证实了弱相互作用中的宇称不守恒,被誉为核物理学中里程碑式的实验,在整个物理学界产生了极为深远的影响。

早在20世纪40年代,吴健雄就曾参与了世界上第一颗原子弹的研制工作。这项在当时最为机密的计划被美国总统命名为"曼哈顿工程"。主持这项机密工程的美国科学家奥本海默是世界"原子弹之父",他非常欣赏他的学生吴

---

[1] 在美国伯克利国家实验室官网介绍中,吴健雄被称为"东方居里夫人""核物理女王""物理学第一夫人"。——编者注

健雄的才华,吸纳她直接参与了第一颗原子弹的研制工作。机密程度如此之高的"曼哈顿工程"能允许一个刚刚来到美国的中国人参加,足见吴健雄的非凡才学。

吴健雄真正称雄于物理界并不是靠参与研制了那颗原子弹,而是在1956年和1957年之交的寒冷季节里,带领她的科研攻关小组以实验验证了宇称守恒定律的不成立。

"宇称守恒定律"曾被认为是物理学的基础,经典物理学最重要的"守恒定律"是能量与动量的守

图6-7 吴健雄

恒。李政道在其《对称、不对称和粒子世界》一书中说:"很长时间以来,自然规律在镜像反射下的对称性(左、右对称性)被认为是一个神圣的原理。这意味着镜子里面的世界有可能是一个真实的世界……在1956年发现左右对称性破坏(宇称不守恒)以前,人们一直认为,自然规律在左、右变换下具有对称性是理所当然的。"

什么叫作宇称守恒定律?杨振宁说:"打个比方,每天,当你照镜子时镜子里就出现一个和你一模一样的影像,即镜像。你和你的镜像完全对称。这种现象在物理学中的表现则是两个互为镜像的基本粒子具有相同的物理性质,这就叫作宇称守恒定律。"

吴健雄因在β衰变方面做过的细致精密又多种多样的实验工作而为核物理学界所熟知。1956年春天,李政道到办公室拜访吴健雄,咨询β衰变的实

验状况。在李政道离开吴健雄的办公室之前,吴健雄问李政道,是否有人有过做这类实验的想法。李政道说,有人建议过用核反应所产生的极化核或者用核反应堆所产生的极化慢中子来做实验。吴健雄独具慧眼,认为:宇称守恒即使不被推翻,此一基本定律也应被测试。正是基于这一认识,她全力投入了这个实验。

吴健雄是这么做的:取一小块含钴的材料,具体来说就是钴-60的同位素,然后将它冷却到绝对零度(−273℃),误差不超过零点几度。将其冷却到如此低温后,吴健雄又给钴-60同位素的样品施加强磁场,此举可以使所有钴原子核自旋在同一方向。待所有原子核自旋方向极化后,只要宇称守恒,原子核就应该朝反方向等量射出电子;如果在相互作用下宇称不守恒,那么某方向射出的电子会比其他方向多。

吴健雄面临两个艰巨的挑战:一个挑战是需要把β探测器安装在一个液氦低温恒温器内且让其正常工作;另一个挑战是将β放射源铺在一个薄的表面上,可以被极化一段足够长的时间以得到足够多的统计数据。

当时,任何大学实验室都不能满足如此苛刻的实验要求,吴健雄联系了拥有全美最高水平实验室的美国国家标准局(NBS,美国标准技术院的前身),希望利用该局的国家计量专用绝热去磁装置来做她的实验,结果得到热烈欢迎,对方邀请她到NBS来做实验。

1956年,从6月初到7月底,吴健雄花了整整两个月来测试β探测器,看看哪一种闪烁体最适合用来做这种实验。吴健雄的实验只需要用一个探测器,其中蒽晶体就是测量β粒子的探测器,而两块NaI晶体是通过测量同时放射出的γ射线来监测钴-60原子核极化程度的。

选择钴-60作为实验用的β衰变核素有多种原因:它既放射出β射线,又放射出γ射线;它可以被极化,而且极化程度可从γ射线的各向异性得以量度;它与硝酸铈镁(一种顺磁盐)极易结合,从而可通过绝热去磁法使温度降至接近绝对零度。

在美国国家标准局专家的大力协助下，吴健雄实现了在极低温度下用强磁场把钴-60原子核自旋方向几乎都控制在同一方向。而通过观察钴-60原子核β衰变放出的电子的出射方向，他们发现绝大多数电子的出射方向都和钴-60原子核的自旋方向相反。就是说，钴-60原子核的自旋方向和它的β衰变的电子出射方向形成左手螺旋，而不形成右手螺旋。但如果宇称守恒，那么必须左右对称，左右手螺旋两种机会相等。因此，这个实验结果证实了弱相互作用中的对称不守恒，并且在整个物理学界产生了极为深远的影响。

1957年1月2日到1月8日的这个星期，是吴健雄在美国国家标准局与其他4位合作者进行实验检验最紧张的一段时间。1月9日凌晨2点，他们举行了组内庆祝。1月10日夜，吴健雄匆匆赶回哥伦比亚大学。1月15日下午，哥伦比亚大学物理系召开紧急会议，向公众宣告宇称守恒定律被推翻。

大胆提出"宇称不守恒定律"的李政道、杨振宁因吴健雄的成功实验而荣获了1958年的诺贝尔物理学奖。

丁肇中与J粒子

从20世纪60年代开始，华裔物理学家丁肇中对寻找新的粒子产生了兴趣。70年代初，丁肇中设计了一个实验，尝试从100亿个已知粒子中找到一个新粒子。当时几乎所有的实验室都因为该实验困难巨大而拒绝了丁肇中，直至后来在美国布鲁克海文国家实验室，丁肇中基于自己研发的新探测术，设计建造了一个高灵敏度的探测器，该实验才得以进行。经过两年的艰苦实验，1974年11月，丁肇中与斯坦福大学的里克特同时发现了一种比一般粒子寿命更长的新粒子,丁肇中将其命名为J粒子,这个发现被称为"物理学的十一月革命",推动了粒子物理的发展,改变了人类对基本物质的认识。为此,丁肇中与里希特分享了1976年的诺贝尔物理学奖。

丁肇中出生于美国的密歇根州,他的父母曾在密歇根大学读书。1948年,丁肇中随着全家搬到中国台湾。1956年他前往美国深造,学习物理,于1962年获得美国密歇根大学博士学位。

1963年,他获得福特基金会的奖学金,到瑞士日内瓦欧洲核子研究中心(CERN)工作。丁肇中的研究工作以实验粒子物理、量子电动力学及光与物质相互作用为中心。

丁肇中具有出色的实验能力,能够很好地组织许多科学家一起进行规模宏大的研究,并善于从实验现象中取得新的突破。

20世纪70年代初,物理学家们普遍认为,世界上只有三种夸克,用三种夸克的理论就能够解释世界上所有的现象。1974年,丁肇中提出了"寻找新粒子与新物质"的实验方案。这个计划起初根本无人问津,大家都认为这个年轻人简直不知天高地厚,因为在当时,三种粒子组成整个世界的观点早已经在物理学家心中根深蒂固,不容辩驳。在这种情况下,丁肇中毫不气馁,决定独自一人去寻找新粒子。他在著名的布鲁克海文国家实验室开始了自己的寻找之旅。

丁肇中喜欢用一个比喻来帮助读者或听众理解他的实验的精度以及困难程度。比如在某个城市下雨的时候,每秒钟有100亿个雨滴,其中有1个雨滴的颜色与其他雨滴不同,这个实验就相当于要在1秒钟之内,从这100亿个雨滴中把这个颜色不同的1个雨滴找出来。这个实验的目标精度是一百亿分之一。

为了能从100亿个已知粒子中找到1个新粒子,这个实验必须每秒钟输入100亿个高能量的质子到探测器上。这么多的质子输入探测器所产生的放射线会彻底破坏探测器,该过程对工作人员也是非常危险的。因此,必须研发全新的、非常精确的、在极强的放射线下仍能正常工作的全套仪器,也必须设计安全的屏蔽系统。

为了做成实验,丁肇中在改进探测器上下苦功,力排万难,制作了一台分辨本领很高的新型探测器。整个加速器把所有的粒子同时发射,也就是说每秒钟发射100亿个粒子,能量是300亿电子伏。而为了对放射线实现安全屏蔽,实验的屏蔽设施这样组成:先放了10 000吨的水泥,然后放5吨的铀,再放100吨的铅,还有5吨的肥皂。

丁肇中团队认为,在5吉电子伏的范围内,可能还会找到另外的重光子。他们拟定寻找新粒子的方案是:用质子束流轰击靶核,产生中性矢量介子,然后探测由这种粒子衰变出的 e^+e^- 对,以确定这种矢量介子的性质。

图6-8　丁肇中

1974年11月12日,在实验室里夜以继日地工作了两年多后,全力攻关的丁肇中向全世界宣布,在美国布鲁克海文国家实验室的同步加速器上测量高能质子打击铍靶产生正负电子对撞的有效质量谱时,他的团队发现了一种未曾预料过的新的基本粒子,这种粒子有两个奇怪的性质:质量重、寿命长。

在公开发表这个发现时,丁肇中根据自己的中文姓氏"丁",用字形相似的英文字母"J"将其命名为J粒子。

科学实验之旅

118

图6-9　丁肇中团队

丁肇中团队发现新粒子以后，他原可以在当时就公布结果，但丁肇中坚持反复核查每一步实验和数据。后来，美国另一个实验小组也独立地发现了这个新粒子。1974年11月，丁肇中和里克特几乎同时宣布，他们的实验组各自在美国布鲁克海文国家实验室的质子同步加速器AGS和斯坦福直线加速器中心的正负电子对撞机SPEAR上，发现了一个能量约为31亿电子伏特的新粒子，并分别命名为"J粒子"和"ψ粒子"，后来统一称为J/ψ粒子。

在当时已被发现的粒子中，这是个质量最大的强子共振态，它的寿命比一般的强子共振态的寿命长3个数量级。这一发现令粒子物理学家们为之震惊，并推动了实验和理论的进一步发展。

J/ψ粒子的发现，是基本粒子科学的重大突破。它震动了整个物理学界，几乎吸引了全世界所有的粒子物理学家，成了当时每次国际性学术会议的中心内容。J/ψ粒子的发现为人类认识微观世界开辟了一个新的境界，被誉为"物理学的十一月革命"。

为什么J/ψ粒子的发现会引起那么大的反响？原来，它的性质奇特，寿命比预料值大5000倍，比其他"伙伴"大1000倍。J/ψ粒子的这种特性，表明了它是一种含有新型夸克的强子。

丁肇中和里克特共同获得了1976年诺贝尔物理学奖。在诺贝尔奖自1901年开始颁发至1976年的75年中，丁肇中是第三位获得此项殊荣的华人科学家。

40岁的丁肇中赴瑞典皇家学院领取了诺贝尔物理学奖。在隆重的颁奖仪式上，丁肇中谈到了实验工作的重要性。

崔琦与量子霍尔效应

　　崔琦是第六位获得诺贝尔奖的华人科学家,他出身河南农家,在香港接受了中学教育,年轻时受杨振宁、李政道获得诺贝尔奖一事的影响,投身物理学研究。崔琦在芝加哥大学攻读博士学位期间,被导师安排担任实验助手,开始了低温超导磁体的科学研究。霍尔效应是磁电效应的一种,它定义了磁场和感应电压之间的关系,在计算机和信息技术等领域得到广泛的应用。崔琦与同事在贝尔实验室发现了分数量子霍尔效应,是在实验事实基础上的重大创新。

　　崔琦出身河南农家,是农民的儿子。在家乡小学毕业后,崔琦跟随姐姐到香港读书,中学就读于著名的培正中学。

　　1957年,崔琦高中毕业之际,正值杨振宁、李正道获得诺贝尔奖,这件事在华人世界引起很大的轰动。那一代的香港莘莘学子中,不少同学以杨振宁、李政道为偶像,立志学习自然科学。

　　杨、李二人获奖的消息激发了崔琦对物理的兴趣。高中期间,崔琦曾花一年左右时间自学完成西尔斯与他人合著的《大学物理》教材,为后续攻读物理学打下了相当坚实的基础。

　　1958年,崔琦负笈美国。在本科期间,崔琦学习非常刻苦,常常晚上学习到很晚。崔琦本科毕业之际,在选择攻读研究生的学校时,在征求师友意见之后,把芝加哥大学物理系作为首选,一个很重要的原因就是杨振宁、李政道都是在芝加哥大学获得物理学博士学位的。

1961年秋，崔琦进入芝加哥大学攻读硕士、博士学位。当时，崔琦所在的研究实验室有全世界最好的低温物理设备。

从进入芝加哥大学时起，崔琦就致力于实验物理。导师很赏识崔琦，经常让崔琦一个人在实验室收集数据。崔琦擅长做实验，他曾说做实验比写报告简单。在芝加哥大学就读期间，他和导师每天都要工作十余个小时，有时甚至更多。

1967年，崔琦通过答辩，在芝加哥

图6-10 崔琦

大学获得博士学位，并与导师合作，进行了低温超导磁铁的研究。崔琦获诺贝尔奖的工作与他在攻读博士学位期间以及博士后期间的工作密切相关。

1968年，崔琦离开芝加哥，来到位于新泽西的贝尔实验室。崔琦获得诺贝尔奖的成果正是在贝尔实验室做出的。崔琦在贝尔实验室发现了分数量子霍尔效应。

工业实验室是托起美国经济的发动机，贝尔实验室是美国著名的工业实验室，以电话的发明人贝尔命名，以卓越的创新成果闻名于世。虽然近些年来有所变迁，但贝尔实验室辉煌的历史彪炳史册。

美国的工业研究以贝尔实验室为代表，通过机构进行基础研究创造性工作，把研究成果应用于产品设备和工艺的设计，服务于技术开发。贝尔实验室是科学技术产业一体化的典型。

贝尔实验室与芝加哥大学一样，盛产诺贝尔奖获得者，1937年以来，先后有十多位科学家获得诺贝尔物理学奖。在崔琦获奖之前，华人科学家朱棣文在

1997年获奖。贝尔实验室在有关物理分支领域和通信技术领域有着很强的研究传统。贝尔实验室的物质条件、技术条件以及研究氛围都使崔琦如虎添翼。

在贝尔实验室工作期间，正好是崔琦人生精力鼎盛的时期，也是崔琦的高产期。1982年，他与两位同行合作发现了分数量子霍尔效应现象。

100多年前，美国物理学家霍尔发现了霍尔效应。霍尔效应是关于磁场中导电现象的研究，尤其是半导体研究中不可或缺的领域。1980年，一种新的霍尔效应——量子霍尔效应被发现，它是固体物理学研究的重大突破，德国科学家冯克利津因发现量子霍尔效应荣获1985年的诺贝尔物理学奖。

分数量子霍尔效应是用特殊的半导体材料在超低温和超强磁场的特殊条件下发现的。1982年，崔琦和同事在贝尔实验室用 AlGaAs/GaAs 异质结代替二氧化硅和硅来做实验，实验使用的半导体异质结构是用分子束外延技术制成的、由两种半导体材料组成的边界突变的结构。他们在更深的低温（绝对温度0.1K）及更强的磁场（20T）下，用载流子密度更高的材料做实验，得到比整数量子霍尔效应（IQHE）曲线更为精细的台阶。

他们发现，横向电阻的 n 不仅可以取正整数，还出现了 $n = \frac{1}{3}$ 这样一个分数的平台！这就是分数量子霍尔效应。之后他们制造出了更纯的样品，使用更低的温度（85mK）、更强的磁场（280KG）进行了实验，这是人类第一次在实验室中实现如此低的温度和如此强的磁场（地磁场是 mG 的量级），需要高超的实验技术。

1998年，诺贝尔奖委员会给予崔琦和其他两位科学家高度评价。崔琦与合作者在取得重大发现16年后，获得了诺贝尔奖，实至名归。

对崔琦成功的原因，各界曾有不少概括，但都对崔琦的勤奋与执着给予一致的肯定。为了找到一个做实验的强磁场，崔琦曾跑遍波士顿和佛罗里达州。

崔琦认为：近现代科学的根基在于实验，没有实验，理论往往会偏离正途，走向歧路；良好的观察技巧是实验科学的重要前提与基础；在对实验结果做出模型解释以前，必须以实验事实为依据进行核查。崔琦对实验细节的关注在圈子里是出了名的。

分数量子霍尔效应的发现是在实验事实基础上的重大创新，崔琦再一次证明华人有能力实现世界一流的科学成就。

微信扫码

看科学实验小视频高效学习
添加学习助手获取服务

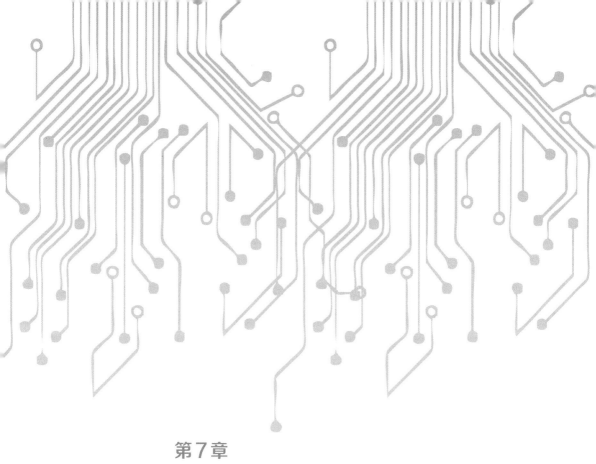

第7章

科学实验追寻生命的奥秘

巴甫洛夫与条件反射

俄国科学家巴甫洛夫早年因消化生理学研究而闻名，1904年，他因在消化生理学方面的成就获得诺贝尔生理学或医学奖。他的研究多以狗为实验动物。巴甫洛夫专门建了一个隔音的实验室，把狗带进实验室，排除其他干扰因素，每次给狗送食物之前响起铃声。就这样，经过一段时间以后，铃声一响，狗就开始分泌唾液。这就是巴甫洛夫所研究的经典条件反射。巴甫洛夫的经典条件反射实验以科学实验的方式向人们揭示了行为的学习途径。巴甫洛夫认为，人类的学习就是条件反射建立的过程，我们的许多行为或感觉都是通过条件反射来塑造的。巴甫洛夫的一系列科学实验，为研究高级神经活动开拓了全新的思路。

巴甫洛夫于1870年考入圣彼得堡大学，在大学三年级时对生理学和实验产生了浓厚兴趣，从此进入生理学研究领域。1875年，巴甫洛夫从圣彼得堡大学生理学系毕业，接着进入医学院攻读博士学位，1883年获得博士学位。1884年至1886年期间，巴甫洛夫到德国莱比锡大学路德维希研究室进修两年，然后回到圣彼得堡，做了几年实验室助理。

巴甫洛夫全身心地投入到生理学研究工作之中。他拒绝为工资、生活条件等实际问题分心。1890年，也就是巴甫洛夫41岁的时候，他被圣彼得堡军事医学科学院聘为药理学教授。此前，巴甫洛夫一家人都生活得非常窘迫，但巴甫洛夫甘居贫寒，安贫乐道。巴甫洛夫的一些学生知道他的经济窘境之后，以请他讲课并支付讲课费为借口，给了他一笔钱。但是巴甫洛夫没有把钱留给自己,而是把钱花在了实验室的狗身上。

巴甫洛夫最初的研究方向是唾液在消化中的作用,他正是因为在消化方面的研究而获得了1904年诺贝尔生理学或医学奖。

巴甫洛夫做实验时,将狗按放在实验台架上,并配备特定的装置,把各种类型的食物放入狗的嘴里,观察并测量它在吃食物时的唾液分泌情况。

经过几次实验,巴甫洛夫惊奇地发现,狗在还没有被喂食时,只要看到盆子或喂食者,就会流口水,好像预先就知道会有食物出现似的。为了消除可能的干扰,巴甫洛夫和同事做了大量尝试,但结果都是如此。因为与预想的结果不符,失望之余,大家决定对这一现象进行分析研究。

图7-1 巴甫洛夫

巴甫洛夫实验的过程是:已知如果给狗吃骨头,它就会分泌唾液。实验者在喂骨头前几秒钟,先摇铃让狗听到铃声,接着再将骨头送入狗的口中,如此反复。开始时,狗听到铃声并不分泌唾液,只是在吃到食物的时候才分泌唾液。但这种操作过程被重复多次之后,只要一发出铃声,即使不给狗吃骨头,它也会立刻分泌唾液。很显然,狗对铃声做出了反应。本来和分泌唾液无关的铃声,由于它和食物出现的时间接近,变得可以让狗分泌唾液了。

巴甫洛夫通过这些实验研究工作,最终创建了一个重要的概念,即条件反射。如果将一种刺激与另一种能引起特定反应的刺激联系在一起,那么,即便前者与特定反应并无直接关联,也会引起同样的特定反应。

巴甫洛夫关于狗分泌唾液的著名实验广为人知。他对条件反射现象与预期心理现象的揭示,具有多方面的重大意义,比如,它有助于我们理解人类的行为模式,帮助我们明白很多习惯是怎样养成的。

到了1930年,巴甫洛夫开始运用对条件反射的研究成果,解释人类精神病的起因,这有助于提高对某些心理疾病的治疗效果,比如惊恐症、焦虑症等。

巴甫洛夫的实验室组织非常有特色。尽管实验研究是巴甫洛夫心中高于一切的乐趣,但他功成名就后,就极少自己动手进行实验,通常是监督其他人从事具体工作。从1897年到1936年,有大约150位研究人员在巴甫洛夫的指导下进行工作,共写出500多篇科学论文。一位学生写道:"整个实验室工作起来就像一只不会停止运转的钟表。"巴甫洛夫把研究者组织成一个类似于工厂的体系。巴甫洛夫把这些人作为自己的手臂和眼睛,他为这些研究人员指定每个人的研究课题。

从1921年春季开始,巴甫洛夫领导的俄罗斯科学院生理实验室,建立了每星期三上午进行一次学术讨论的制度,这就是有名的"星期三座谈会"。巴甫洛夫十几年如一日,领导着这个座谈会,他在会上介绍自己在其他实验室所做的

图7-2 巴甫洛夫在实验室

工作,评论生理学和心理学界的最新观点。这个座谈会极大地活跃了学术氛围。

巴甫洛夫的成就是实验工具和实验方法创新的结果。对于巴甫洛夫学说的建立,巴甫洛夫的实验方法起到了重要作用。

弗莱明与青霉素

青霉素的发现是人类研究抗生素历史上的一个里程碑。1928 年,在英国伦敦圣玛丽医院进行细菌研究的弗莱明在一次偶然中幸运地发现了青霉素。青霉素的发现使人类找到了一种具有强大杀菌能力的物质。但是因为当时的各种条件限制,他无法把青霉素单独分离出来。后来,英国病理学家弗洛里、生物化学家钱恩做了进一步研究改进,成功地实现了青霉素药物的工业化生产。青霉素大规模用于临床,挽救了成千上万因细菌感染而濒临死亡的病人。以青霉素为代表的药物的使用,开启了现代抗生素时代。

第二次世界大战期间,在太平洋战场上受伤的美国官兵几乎挤满了各个医院,他们既受到枪弹的创伤,又受到病菌的严重感染。当时的各种药物疗效都不理想,医生往往束手无策,病人只好被动等待死神的最终降临。

这种可怕的局面,终于被一种叫作青霉素的新药打破。医生最初选择病情最危重的病人进行试验,治疗效果惊人,在全部受治的病人中,死亡病例数下降到个位数。青霉素对危重病人来说,是一个巨大福音。

这种有惊人疗效的青霉素是从哪里来的呢?

要追溯青霉素的来历,就要从英国伦敦圣玛丽医院的亚历山大·弗莱明医生在实验室的一次经历谈起。

弗莱明1881年出生在英国的苏格兰,他在伦敦的圣玛丽医院学习时,各科成绩都很优异。他在圣玛丽医院实习结束后,留在该院的病理部工作,不久就报名参加了第一次世界大战,在英国远征军从事医务工作。战争结束后,弗莱明回到了圣玛丽医院。

1928年秋,弗莱明进行了葡萄球菌的培养实验。这些在显微镜观察下呈鱼子状的东西,就是引起脓疮、血液中毒和造成人类许多其他疾病的祸根。弗莱明研究了温度、养料等环境因素对细菌的影响,在培养过程中也常遇到种种意想不到的困难。

有一次,他对装着培养液和葡萄球菌的培养皿进行观察,发现许多培养皿因受了某种外来微生物的侵入而被污染。这种情况对细菌学家来说,已是司空见惯,大多数细菌学家对此都有一样的反应——自认倒霉。

图7-3 青霉素培养皿

弗莱明感到非常失望。但他心想，能有什么办法呢？要完全避免培养皿受到异物的污染确实不太可能，现在唯一的办法是把被污染的培养物倒掉。然而就在这时，弗莱明迟疑了一下。

他把培养皿拿起来仔细观察，发现引起污染的好像是绿霉，便把这个现象记录在笔记本上。他写道："是什么引起了我的惊异呢？就是在绿霉的周围相当大的地方，葡萄球菌发生了蚀化，从前它长得很茂盛，现在只剩下了一点干枯的痕迹。是什么东西把细菌消灭了呢？真是不可思议。"

图 7-4　弗莱明

弗莱明对此事极有兴趣，并将其告诉了他的两位助手。他认为是霉菌分泌的一种物质杀灭了细菌，而且杀菌物质肯定存在于生长霉菌的营养液内。于是，他们把霉菌的培养液仔细进行过滤，然后把过滤液滴在一个葡萄球菌长得非常茂盛的培养皿内，几小时后，培养皿内的细菌便全部消失了。

这种神秘的霉菌分泌物，可算是人类当时发现的最强的杀菌物质了。但它是否对人和动物也有相等的毒性呢？弗莱明准备了用于实验的家兔和白鼠。他首先把霉菌滤液注射到一只家兔耳朵的静脉管上，家兔在注射药剂后，竟未有任何改变，饮食活动也和平时一样。接着，他用小白鼠做实验，把小白鼠肚皮上的毛剃掉一些，将霉菌滤液注射到其腹腔内。开始时，小白鼠似乎有点不适，但很快就恢复了常态。

于是，弗莱明又在实验室试验了霉菌滤液对不同病菌的作用情况。他准备了几十只盛有培养液的培养皿，接种了不同的细菌，再通过实验测定霉菌滤液的杀菌力。实验发现，弗莱明的霉菌滤液对痢疾菌和肠菌等引起肠胃系统疾病的各种细菌几乎没有杀菌力，但对淋菌和脑膜炎菌等细菌具有很强的杀菌力。弗莱明把这些研究结果写成科学论文，发表在1929年9月的《实验病理学》杂志上。

1932年，弗莱明报告：在青霉菌培养液内浸润的绷带可使伤口迅速愈合。与此同时，伦敦的其他3位医学家也开始研究青霉菌培养液中的杀菌物质——青霉素。这几位科学家想引起医药界的注意，希望提纯青霉素用于临床试验，但许多医生对这种新药毫无兴趣。最终，这些科学家心灰意冷，再加上青霉素的化学性质不稳定，相关研究工作因此暂时中断。

图7-5　青霉菌

青霉素被发现后近十年的时间里,相关的科学论文一直被压在期刊文献堆里,多亏一位从德国逃出的难民——欧内斯特·钱恩把它重新发掘了出来。

钱恩在提炼青霉菌培养液有效成分的过程中扮演了重要角色。钱恩出生于柏林,父亲是俄国的政治流亡者,母亲是德国人。钱恩在1933年来到英格兰时才27岁,是一个很有艺术才华的青年,但是他选择了学习理科,因为他觉得学习自然科学更利于他的人生发展。

1938年,钱恩看到了弗莱明发表在《实验病理学》杂志上的文章,于是对青霉素的研究产生了兴趣。

开始时,钱恩在实验室甚至重复不了弗莱明的原始观察实验,但他并没有灰心。1940年前后,他和他的同事们提炼出了足够做几次试验的青霉素溶液。他们用小白鼠做试验,对所有小白鼠注射了足以致死的病菌溶液,并对其中4只注射青霉素溶液来治疗,对另外4只不注射青霉素溶液。后来他们发现,未被注射青霉素溶液的小白鼠在16小时之内全部死去,而用青霉素溶液治疗过的小白鼠全部活下来了。当时他们认为自己所使用的青霉素溶液是提纯过的,但是后来证明,那仅是纯度为0.3%的青霉素溶液,而其中99.7%是其他杂质。试想一下,若当时杂质里有任何一种物质对小白鼠致死,那么整个青霉素研制工作就会停下来。

在青霉素的研制过程中,最大的难题是霉菌所分泌的有效成分的量过于微小。即使制备了大量的弗莱明霉菌培养液,其中的青霉素含量也很少。如果用小白鼠试验,只需较少的青霉素就行了,但人体重量比小白鼠大3000倍,一个普通病人所需要的青霉素剂量,比当时人类已经提炼出来的总和还要多。同时,动物试验结果表明,青霉素会以惊人的速度在身体内消失,注射1小时后,血液中的药量就几乎等于零。若要维持一定的有效浓度,必须定时持续注射。

青霉素的命运到底会如何呢?科学研究有时就像接力赛一样,而青霉素研究的接力棒，又传到了病理学家弗洛里的手里。弗洛里几经周折，终于在英国一家化工厂的帮助下，收集到基本能够治疗一名病人的青霉素，当时看上去就是一小匙黄色粉末。

1941年冬，他们找到了一名48岁的警察，这名警察因伤口感染严重发炎，葡萄球菌和链状球菌交相为患，头脸全是脓疱，蔓延全身，硫胺药剂无能为力，病况极度危急。他们把含青霉素的生理盐水滴入"被判了死刑"的病人体内，24小时后，病人情况显著好转，脓疱不再恶化，眼部炎症似有减轻。治疗的第5天，脓疱开始消失，病人已能进食，但不幸的是，此时青霉素已经用完。

后来病菌卷土重来，病人旧病复发，最终死去。这一次治疗试验的结果，当然不能说是青霉素的失败，但也进一步暴露了它极难提炼的致命弱点。

后来，弗洛里又慢慢地收集了比较多的青霉素，再一次进行试验。这次是尝试救治一名15岁的男孩，他在外科手术时感染链状球菌，伤口化脓，高热。硫胺药剂对他毫无作用。由于这次准备的青霉素药量超过所需，治疗获得了最后胜利。

1941年，第二次世界大战正在关键时期，人们根本顾不上青霉素研究。弗洛里深深认识到，要想生产这种药，在英国实现的希望很小，唯一的出路是在大西洋彼岸的美国。于是他和一位合作者希特雷从洛克菲勒基金会得到了前往美国旅行的资助，准备尝试在美国大量生产并销售青霉素。

弗洛里和希特雷以出口商的身份出发了。几经周折，他们得到了美国农业部实验室的支持，组织了研究团队进行试验。在用玉米汁培养霉菌的实验中，青霉素含量提高了10倍。接着他们又有了新的设想，寻找到新菌种，使青霉素的产量剧增。

当时，弗洛里身在华盛顿，有机会和美国国家科学院主任理查士接触。理查士正在加紧寻求新药，用以治疗战场的血液中毒、灼伤、神经伤害等病症，以便拯救千百万将士。正当这时，弗洛里带去了振奋人心的消息，并希望美国国家科学院帮助他完成大量生产青霉素的计划。理查士自己是医学专家,他懂得青霉素的重大意义,于是他马上满足了弗洛里的要求,开始组织大规模生产青霉素。从此,人类进入了以使用青霉素为代表的抗生素治疗时代。

图7-6 青霉素生产工业化

米勒与原始海洋模拟实验

1953年,芝加哥大学的研究生米勒在导师尤里的建议下,在实验室条件下模拟了生命出现以前的原始大气的成分。他在一个烧瓶中加入氢气、甲烷和氨等还原性气体和水蒸气,又在密闭的烧瓶中插入两支电极,通电后可以产生电火花。七天后，他从烧瓶中收集到一些有机物，发现其中有几种氨基酸生成，由此通过实验证明：由无机物合成小分子有机物是完全有可能的。他的实验结果轰动了科学界。米勒的实验被认为揭示了生命从无机物起源过程中的重要一步。

达尔文在其著名的《物种起源》中用大量生动的证据展示了生物是如何从简单进化到复杂、从低等进化到高等的过程，从而阐明了物种的起源。物种起源的前提是生命起源，长期以来，生命的起源一直是一个未解之谜。

1871年，达尔文给植物学家约瑟夫·胡克写了一封信，信中对生命起源进行了猜测："可以设想在（一些）有点儿温暖的小池塘中，存在各种氨和磷酸盐、光、热、电等，化学反应合成了蛋白质化合物，它可以经受更为复杂的变化……"

地球上的无生命物质是如何，又是在哪里转化为生命物质的？ 生命是在"温暖的小池塘"中演化而成的吗？

生命起源的化学进化的思想原型是由苏联科学家奥巴林提出来的。奥巴林于1922年赴德国留学，后随生物化学学家巴赫研究植物的呼吸机制，于1929年任莫斯科大学植物生物化学教授，参与创建巴赫生物化学研究所，1946年起任苏联科学院巴赫生物化学研究所所长，1946年起为苏联科学院院士，1970年当选为研究生命起源国际协会主席。

奥巴林认为，地球上的生命是由非生命物质经过长期的化学进化逐步演化而来的。他出版了《地球上生命的起源》，阐述了他的生命起源假说。

奥巴林生命起源假说的第一个阶段是：在早期的地球发展史中，大气中富含氢气，简单的无机氢化合物如水、甲烷和氨可以形成有机化合物。逐渐地，这些有机化合物从大气中降落到地面，当地球降温，水蒸气凝结形成雨水时，雨水将有机化合物冲入池塘，最终流入海洋。几百万年以来，原始海洋中的有机化合物成为"热稀释汤"，这就是奥巴林设想的生命起源的第一阶段。

奥巴林生命起源假说的第二个阶段，主要是在原始海洋中进行的，即碳氢化合物和氨、水等物质经过化学作用形成多种高分子有机物。最初形成的有机聚合物，首先是高分子类蛋白的多肽和多核苷酸，随后不断演化，直至形成蛋白质和核酸等复杂的化合物。

用实验验证奥巴林的猜想，是由美国年轻的科学家斯坦利·米勒进行的。米勒最为人熟知的工作是1953年在芝加哥大学师从尤里时做的。在他的实验中，米勒尝试通过复原原始大气的可能构成来研究生命的起源。

米勒的设想不仅受到奥巴林的启发，也与他的导师尤里有关。尤里分析了热力学、动力学规律，以及最新的地球物理学、地球化学的材料，从而描绘出在地球形成过程中有机物质原始形成的图景，描绘出地球存在初期，有机物进一步演化的情况，这些研究成为米勒后来非常有价值的实验工作的基础。

在努力探寻生命产生的轨迹的同时，科学家们也在尝试以原始气体为前提，用无机物质创造有机物质。

米勒的导师尤里教授猜测原始大气层比如今包围地球的大气层更有利于紫外线穿透，因此建议他的学生米勒用实验来检验，是否能在蒸馏瓶里产生的"原始大气"中，利用辐射生成所有生命生存所必需的物质——氨基酸。

1953年，米勒开始了他的尝试。米勒设计了一个玻璃容器，他在容器里用氨、氢气、甲烷、水蒸气制造人造原始大气。为了使实验能在无菌条件下进行，他将实验装置以180℃的高温，持续加热18小时。两个电极被熔在玻璃球的上半部分，两个电极之间不断跳出火花。通过引入6万伏的高频电流，"原始大气"中形成了持续的小"雷雨"。

米勒在小的玻璃球里加热无菌的水，通过一根管道将水蒸气引入装有"原始大气"的大玻璃球。冷却下来的物质重新流到装有无菌水的小球中，在那里被再次加热，然后再次上升进入装有"原始大气"的玻璃球。米勒在实验室里模拟了史前时代在地球上发生过的气体循环运动。这个实验不间断地进行了整整一个星期。

在模拟原始雷雨和持续闪电的小型环境中,"原始大气"中形成了什么呢?上述实验的产物中有氨基丁酸、天冬氨酸、丙氨酸和甘氨酸,也就是形成生命系统所必需的氨基酸。在随后的岁月里,科学家按照这条路线,改变条件,又进行了无数次实验,最终产生了更多种氨基酸。现在,已没有人再怀疑原始大气能产生生命所必需的氨基酸。

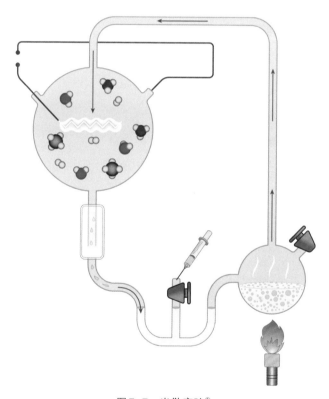

图 7-7　米勒实验①

① 米勒实验:又称米勒-尤里实验,是一种模拟在原始地球还原性大气中进行雷鸣闪电能产生有机物(特别是氨基酸),以论证生命起源的化学进化过程的实验。1953年由美国芝加哥大学研究生米勒在其导师尤里指导下完成,故名。——编者注

米勒的原始海洋模拟实验部分地证实了奥巴林《地球上生命的起源》中关于化学进化可能性的设想。米勒实验在试管中模拟了创造生命之路的第一步。记录了米勒实验的论文于1953年发表在顶级期刊《科学》上,米勒是文章唯一的作者,导师尤里认为,他的博士生应该独享此荣誉,尤里的高风亮节在学术界传为佳话。

这一实验被誉为在实验室中创造生命的第一步,也是生物学史上的里程碑。虽然实验并没有制造出可以自我复制的分子,但人们普遍相信,只要有充足的反应时间并且原始海洋的规模足够大,米勒实验中生成的原始氨基酸便会聚合形成多肽和复杂的蛋白质。

霍奇金与维生素分子结构

英国科学家布拉格发明了利用 X 射线的方法来观察晶体结构,这是 20 世纪关于探究生物分子本质的各项科学发现的基础。英国科学家多萝西·霍奇金早在青少年时代,就受到了有关布拉格用 X 射线衍射来观察晶体结构的科普读物的启蒙。X 射线通过晶体结构时,会在感光板上形成很多暗点,这些暗点组合成了 X 射线感光条纹,这些条纹可以间接描述晶体中原子的排列。霍奇金在实验室利用 X 射线衍射法研究了多种具有生物活性的分子,解析了青霉素、维生素 B$_{12}$ 和胰岛素等复杂大分子的结构,大大推进了这些分子的人工合成进展。霍奇金被认为是结构生物学的奠基人。

多萝西·霍奇金出生于埃及开罗的一个富裕家庭。霍奇金的父亲是牛津大学毕业的,在埃及和苏丹从事教育工作,业余爱好考古。

霍奇金是家里四姐妹中的老大,从小随父母在国外生活。1918年,父母认真思考霍奇金应该接受怎样的教育,父亲认为他家乡萨福克的约翰莱曼爵士文法学校相对不错。于是,8岁的霍奇金被送回英国接受教育,从那时起她与父母聚少离多。

从小霍奇金就有一个特点,那就是喜欢做化学实验,在她的想法中,做实验只是想看看会有什么事发生,而不是真的在找什么特定的东西。霍奇金最初的小实验室是在家里的阁楼上设立的,只是为了培养晶体或尝试书本里所描述的实验,例如把酸性溶液加到鼻血里——霍奇金认为这是一个非常有意思的实验,以至于长大后还一直记着。

图7-8 霍奇金

霍奇金10岁时,妈妈送给她的礼物是由布拉格撰写的关于晶体衍射的科普书,这本书激发了霍奇金对晶体研究的兴趣。为了争取学习自然科学的机会,1928年,18岁的霍奇金考入牛津大学只收女生的萨默维尔学院,开始学习化学。霍奇金的本科阶段的论文研究课题就是X射线晶体学,她是本科生中第一个学习用X光晶体学来研究有机物结构的。

霍奇金于1932年来到剑桥大学,师从著名科学家贝尔纳,贝尔纳是X射线晶体学这一新领域的权威,由于他与其他一些科学家的努力,X射线晶体学成为一种被广泛应用于生命科学研究的工具,对于确定生物分子结构发挥了关键作用。贝尔纳是20世纪30年代活跃于剑桥的左翼知识分子集体的精神领袖,被人称为"圣哲"。贝尔纳的学生和同事中产生了多个诺贝尔奖得主,其中最突出的就是他的学生霍奇金。

霍奇金在贝尔纳的实验室里开始了很多重要的研究工作,并协助贝尔纳开展第一次胃蛋白酶X光衍射研究。在此期间,霍奇金也接受了贝尔纳关于科学的社会功能的观点。贝尔纳不仅在科学研究上,而且在政治态度上深深地影响了霍奇金。

霍奇金于1934年从剑桥大学回到牛津大学,她在以恐龙化石和矿物标本著称的牛津自然史博物馆的角落里建立了X射线实验室,开始了胰岛素的X光晶体衍射研究。

1939年,霍奇金应牛津大学弗洛里的邀请,把她的胰岛素研究暂时放在一边,着手解决青霉素的结构问题,并在1945年获得成功,在青霉素工业化生产中起了关键作用,并因此入选英国皇家学会会员。她是该学会历史上第4名女性会员。霍奇金对维生素B_{12}结构的研究成果,经过不止一次被提名,于1964年获得诺贝尔奖。与此同时,霍奇金从未放弃对胰岛素结构的探索。在她获得第一张胰岛素X光照片的34年后,1969年,她在计算机和国际团队的协助下,终于解开了胰岛素结构的秘密。

霍奇金在诺贝尔奖的获奖演讲中开门见山地提到,她第一次听说晶体X光衍射,是在1925年布拉格为少年儿童写的一本书里。布拉格指出,X光"能够使我们的视力增加上万倍",使我们可以"看见"原子和分子。也许正是书中那些钻石般的晶体图片迷住了霍奇金,她通过这本书第一次了解到使用X射线的结晶分析方法。

霍奇金带给世界的贡献远胜于发掘出千万颗钻石。正是由于她的工作,一些重要的生化物质如青霉素和胰岛素等得以合成,从而拯救了亿万人的生命。

霍奇金实验室所在的牛津大学自然史博物馆是牛津的一个地标。霍奇金在牛津带领的小团队里,每一个成员每周轮流带来下午茶蛋糕,大家一边品茶一边讨论工作。霍奇金关心所有的人,如果有谁遇到困难,她一定会满怀热情地鼓励他、帮助他。

毕业于牛津大学,后来成为英国首相的撒切尔夫人是霍奇金的学生。撒切尔夫人在她的办公室里悬挂了老师霍奇金的肖像。

图7-9　胰岛素结构模型

内尔与离子通道

细胞是通过细胞膜与外界相隔的,在细胞膜上有很多通道,细胞通过这些通道与外界进行物质交换。这些通道由单个分子或多个分子组成,允许一些离子通过。1991年诺贝尔生理学或医学奖得主——德国科学家厄温·内尔与同事合作发现了细胞内离子通道,开创了膜片钳技术。借助膜片钳技术,多种离子通道的特性与功能被一一揭示。他们的研究在生物医学和药理学中有重大作用,有助于阐明心脏病、糖尿病、癫痫病等严重疾病的病因,在神经科学及细胞生物学界产生了革命性的影响。离子通道的发现,是现代分子生物学史上的一次革命。电生理学是研究细胞膜的电特性及其功能的生物物理方法,膜片钳技术则是随着电生理学的发展而最终产生的一种记录生物电信号的有效手段,是电生理学的一个重要里程碑。

内尔1972年进入马克斯·普朗克研究所从事科学研究,自1983年起担任生理物理化学研究所膜生物物理学部负责人。由于创造出一种可以直接测定出单个离子通道电流的膜片钳技术,内尔于1991年获诺贝尔生理学或医学奖。

1976年,内尔和萨克曼创建了膜片钳技术。这是一种以记录通过离子通道的离子电流来反映细胞膜单一或多个离子通道的分子活动的技术,是在电压钳的基础上发展起来的。

从伽伐尼发现生物电算起,生物电的研究历史到此已有两百多年。当内尔和萨克曼开始相关研究时,由霍奇金和赫胥黎首创的电压钳制技术在实验室中已得到应用。他们认识到,膜生物物理学研究领域中最迫切需要解决的问题之

图7-10　内尔实验设备

144

一是了解离子通道的本质和行为。当时，由于信号的准确性较差，研究者尝试了许多方法，但实际上测出来的是许多种离子通道的总和电流，对比较小的离子流的检测难以实现。内尔和萨克曼的办法是将刺向细胞的玻璃微管的尖端变粗，使其与细胞膜表面紧密结合，这种尖端直径为1微米左右的玻璃电极吸引着一个完整细胞的膜表面，使吸引电极与只含单个或几个离子通道的、面积为一至几平方微米的细胞膜封接起来。这样就大大降低了外来的干扰，他们可以直接测到通过一个离子通道的极微弱电流。

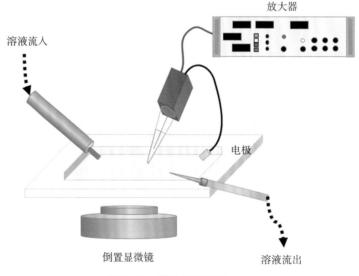

放大器

溶液流入

电极

倒置显微镜

溶液流出

图7-11　膜片钳示意图

目前,内尔教授虽然已年过花甲,但是他对工作、对科学的热爱却更加深沉。现在的他致力于对过去研究中遇到的问题逐一剖析,希望找出失败的原因,为以后将要踏入此领域的学子们排忧解难。

威尔穆特与克隆羊"多莉"

> 1996 年 7 月,克隆羊"多莉"诞生了,它是人类第一次利用体细胞核移植技术克隆出来的哺乳动物。科学家在实验室中从一只羊的体细胞中取出细胞核,然后将细胞核快速转移到另外一个已经去核的卵细胞中,通过电刺激等融合作用,形成的新细胞就可以像受精卵一样进行分裂,发育成胚胎。最后,将胚胎移植到羊的子宫中,它就有可能发育成一只小羊。克隆成功与否,存在很多不确定因素,往往数百个实验才能成功一例,而克隆羊多莉就是这样的一个"幸运儿"。克隆羊是生物技术中一项举世瞩目的新突破,也引起了一场有关生命伦理的激烈争议。

1997 年初,科学界发生了一件举世瞩目的大事。2 月 23 日,原来默默无闻的英国科学家威尔穆特在世界权威科学杂志《自然》刊登文章,宣布他及其在爱丁堡罗斯林研究所的科研小组运用克隆技术,于 1996 年 7 月利用一只成年绵羊的乳腺细胞成功培育出一只在基因性状上和这只成年羊完全一致的小绵羊。

一只没有父亲的小羊羔在苏格兰的一个小木棚里诞生了,消息不胫而走,几小时内就传遍了全世界,引起轰动。

有人认为它比人类登上月球的壮举更加令人惊喜,有人为此高兴并且兴奋不已,也有人为此恐慌不安。

克隆的英文意思是"无性繁殖"。克隆技术的设想是由德国胚胎学家于1938年首次提出的。1952年,科学家首先用青蛙开展克隆实验,之后不断有人利用各种动物进行克隆技术研究。由于该项技术在很长时期内几乎没有取得进展,研究工作在20世纪80年代初期一度跌入低谷。"多莉"羊的诞生是由英国科学家威尔穆特率领12名科学家组成的科研团队,经过200多次失败后才取得的成果。

威尔穆特博士出生于英国汉普顿,在诺丁汉大学完成他的大学学业。幸运的是,他在大学里遇到了生殖学领域的权威埃瑞克·拉明教授。在导师的引导下,大学毕业后的威尔穆特进入了胚胎学领域,开始专注于动物基因工程,开始了他科学研究的求索之路。

1986年,在酒吧里的一席谈话改变了威尔穆特的研究方向。威尔穆特听说一位丹麦胚胎学家成功地用取自成熟羊胚胎的细胞培育出了一只羊,于是,他转而开始研究用成年羊细胞克隆羊的可能性。当时,由于另一家实验室被发现发表了虚假的成功克隆老鼠的报告,各界提供给克隆研究的经费几乎要枯竭了。尽管同行的很多人都放弃了这一研究方向,威尔穆特和他的同事凯斯·坎贝尔仍坚持研究克隆。

克隆绵羊"多莉"没有父亲,却有三位母亲。它诞生的过程是这样的:科学家首先从一只产于芬兰的成年母绵羊的乳腺中取出一个本身并没有繁殖功能的普通细胞,将这个细胞的细胞核分离出来备用。然后,科学家又取出另一只母绵羊的未受精的卵细胞,将这个细胞的细胞核去除,植入第一只母绵羊乳腺细胞的细胞核,再将这个细胞核已被"调包"的卵细胞放电激活,使其像正常的受精卵那样进行细胞分裂。当细胞分裂进行到一定阶段,胚胎形成之后,再将这个胚胎移植到第三只母绵羊的子宫内发育。"多莉"完全继承了它的"亲生母亲"(提供细胞核的第一只母绵羊)的全部DNA基因特征。也就是说,它是第一只母绵羊的百分之百的"复制品"。

图7-12 克隆羊"多莉"

威尔穆特及其研究小组尝试将体细胞与去除了细胞核的细胞溶合在一起，共尝试了277次，设法生产出了29个能存活6天以上的胚胎。

对威尔穆特研究小组的全体成员来说，1996年7月5日是个值得庆祝的日子。一只体重为6.6千克、编号为6LL3的小绵羊在被孕育了148天后，诞生在这个世界上，它是科学家利用克隆技术"创造"出来的。在威尔穆特植入的胚胎中，"多莉"是唯一成功的。"多莉"的名字来源于英国著名女歌星多莉·珀顿。当然，"多莉"羊也成了大明星。

凭着克隆研究的这一业绩，威尔穆特于2008年被英国政府授予了骑士爵位。后来他在英国爱丁堡大学从事对肌萎缩侧索硬化症病因的研究。

"多莉"是苏格兰的骄傲，"多莉"去世后被制成标本在苏格兰国家博物馆展示。

威尔穆特和他的团队用成年羊体细胞克隆出一只活绵羊，给克隆技术研究

147

组织细胞供体

来自被克隆的
动物的细胞被
保存在实验室
里,使其不会
生长或分裂

细胞核
被移除

克隆体出生,
带有与组织细
胞供体精确一
致的DNA

重建后的胚胎
生长7天

卵细胞

细胞核
被移除

施加电流后,
细胞核与无核
卵细胞融合

胚胎被植入
代孕母亲的
子宫内

卵细胞供体提供
未受精的卵

图7-13　克隆羊实验

带来了重大突破,它突破了以往只能用胚胎细胞进行动物克隆的技术难关,首次实现了用体细胞进行动物克隆的目标,实现了更高意义上的动物复制。

如果将克隆技术用于基因治疗的研究,就极有可能找出治疗那些危及人类生命健康的疾病的方法。但如果将克隆技术用于"复制"人,将会带来一系列的道德问题。许多国家都明确规定,禁止任何形式的人类克隆。

微信扫码

看科学实验小视频高效学习
添加学习助手获取服务

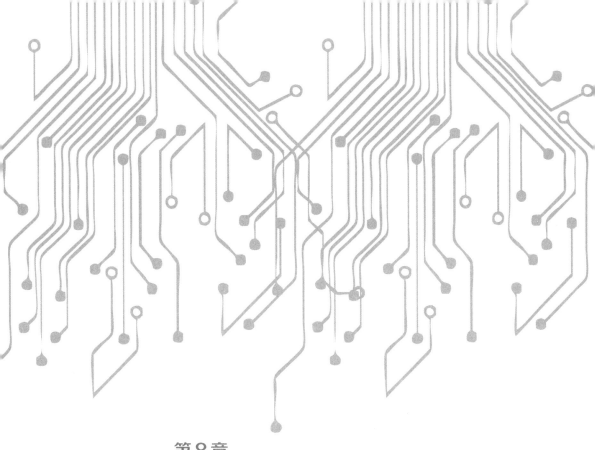

第8章

科学实验
　　——高技术时代的发动机

尼龙的发明

科学实验之旅

　　杜邦公司历史上最著名的技术创新是合成了人类第一种合成纤维——尼龙，实现了人类几百年来用人造纤维代替天然丝的梦想。尼龙的研发过程是一个传奇。1935年，经过漫长的研究和不计其数的实验之后，卡罗瑟斯博士终于合成了一种成线状的物质，其纤维组织与天然蛋白质很相似。这种新型的复合纤维被称为"聚酰胺66"，商品名称尼龙，其耐磨性和强度超过了当时任何一种纤维。尼龙的出现标志着合成纤维工业的开端，卡罗瑟斯对高分子化学的发展做出了杰出的贡献。他是第一位获美国科学院院士称号的工业科学家。

　　杜邦公司是享誉全球的著名跨国公司，历来有"世界化工帝国"之称号。

　　在20世纪上半叶，企业搞基础科学研究被认为是一件不可思议的事情。1926年，杜邦公司的一位董事出于对基础科学的远见，建议公司开展有关发现新的科学事实的基础研究。1927年，该公司决定每年投入25万美元研究费用，并开始聘请化学研究人员。1928年，杜邦公司在特拉华州威尔明顿的总部所在地成立了基础化学研究所，年仅32岁的卡罗瑟斯博士受聘担任该所有机化学部的负责人。

　　华莱士·休谟·卡罗瑟斯于1896年4月27日出生在美国艾奥瓦州，1924年在伊利诺伊大学获博士学位。年纪轻轻的他任教于哈佛大学，讲授有机化学，并在那里开始了聚酰胺类化合物的研究。1928年，杜邦公司将他从哈佛大学"挖"走。他进入杜邦公司工作之时，该公司正在筹备一个研究人工材料的实验室——高分子科学研究实验室。杜邦公司接受了卡罗瑟斯提出的三个条件：一是建造新的实验室；二是研究课题不受限制；三是提高工资，年薪比哈佛教授的年薪高近一倍。卡罗瑟斯逐渐成为实验室的核心和灵魂人物。

那时，市面上已经出现了一些复合纤维，但质量并不好，都是由一些纤维素衍生物和再生蛋白质混合而成的。卡罗瑟斯找到了合成一种复合纤维的方法，该纤维的化学结构与组成丝绸和羊毛的蛋白质类似。

1930年，卡罗瑟斯用乙二醇和癸二酸进行缩合反应①制取聚酯。在实验过程中，卡罗瑟斯的同事在从反应器中取出熔融的聚酯时发现了一种现象：这种熔融的聚合物能像棉花糖那样抽出丝来，而且这种纤维状的细丝即使被冷却以后还能继续拉伸，拉伸长度可以达到原来的几倍，经过冷拉伸后，纤维的强度和弹性都大大增加。这种从未有过的现象使卡罗瑟斯预感到这种材料的特性可能具有重大的应用价值。为了合成高熔点、高性能的理想聚合物，卡罗瑟斯和他的同事们将注意力转移到二元胺与二元羧酸的缩聚反应②上。在几年的时间内，卡罗瑟斯和他的同事们从二元胺和二元羧酸的不同聚合反应中制备出了多种聚酰胺，然而这些物质的性能都不太理想。

由于公司中发生了基础研究与应用研究之争，人工合成纤维的研发被耽误了几年。1934年3月，卡罗瑟斯恢复实验研究，他与一位助手合作，制成了一种多聚物，它与现代的聚酰胺66已十分接近。

1935年，经过漫长的研究和不计其数的实验之后，他终于合成了一种成线状的物质，其纤维组织和天然蛋白质很相似。这种新型的复合纤维被称为"聚

---

① 缩合反应：两个或两个以上有机分子相互作用后以共价键结合成一个大分子，并常伴有失去小分子（如水、氯化氢、醇等）的反应。——编者注

② 缩聚反应：一类有机化学反应，是具有两个或两个以上官能团的单体相互反应生成高分子化合物，同时产生简单分子的化学反应，兼有缩合出低分子和聚合出高分子的双重含义，反应产物称为缩聚物。——编者注

酰胺66"。这是一种与众不同的材料,它同时具备丝绸的柔软性和不锈钢的韧性。这种聚合物不能溶于普通溶剂,具有263℃的高熔点,由于在结构和性质上都更接近天然丝,拉制的纤维具有天然丝的外观和光泽,而且其耐磨性和强度超过了当时任何一种纤维,原料的价格也比较便宜。聚酰胺66是最早研制成功的尼龙品种,并于1939年由美国杜邦公司实现工业化生产,是目前最主要的尼龙品种。

为了实现尼龙的工业化生产,杜邦公司选择了来源丰富的苯酚进行开发实验。到了1936年,杜邦公司在西弗吉尼亚的一家化工厂采用新催化技术,用廉价的苯酚开始大量生产出乙二酸,随后又发明了用乙二酸来生产乙二胺的新工艺。杜邦公司首创了一种熔体丝纺新技术,将聚酰胺66加热熔化,经过滤后再吸入加料泵中,通过关键部件(喷丝头)的小孔喷成细丝,喷出的细丝再经空气

图8-1 尼龙袜广告

图 8-2 卡罗瑟斯在实验室

冷却后牵伸、定型。1938 年 7 月,该生产线完成了中试,首次生产出了聚酰胺纤维。同年 10 月 27 日,杜邦公司正式向公众宣布,世界上第一种合成纤维诞生了,并将聚酰胺 66 这种人造合成纤维命名为"尼龙",这个词后来在英语中变成了聚酰胺类合成纤维的通用商品名称。1939 年,杜邦公司将尼龙在纽约世博会上展出。不久之后,店铺里就推出了一种女性尼龙袜,不仅薄而透,还耐拉伸。尼龙热潮为美国的经济复苏做出了重大贡献。

　　不幸的是,1937 年 4 月 29 日,在获得尼龙发明专利仅仅两个月后,卡罗瑟斯在费城一家旅馆自杀身亡,年仅 41 岁。

雷达的研发

雷达最初是以军用为主的设备。"雷达"是英文"RADAR"的音译，RA-DAR是"无线电探测与测距"的英文缩写。1935年初，英国国家物理实验室的物理学家罗伯特·沃森·瓦特受命利用无线电波来研制一种新式武器。他在实验中发现一种现象，即设备可以探测到所发射出去的无线电波遇到过往飞机后被反射回来的反射波，并以此为基础开发了空袭警报系统。此后，英国和美国投入大量人力、物力用于雷达改进的合作研发。在第二次世界大战中，雷达为防御德国空袭并最终帮助盟军取得胜利，发挥了巨大作用。雷达的发明是影响第二次世界大战战局的关键因素之一，与原子弹、青霉素并称第二次世界大战期间的三项重大发现。

第二次世界大战前后，英国急需研发一种装置来侦测德国的飞机。1934年秋，英国军方的一次空袭警报实验惨遭失败，这次失败推动了英国无线电波武器的研制。1935年初，来自英国国家物理实验室的43岁的物理学家罗伯特·沃森·瓦特受命利用无线电波来研制一种新式武器。瓦特在英国东海岸的贝怀特艾庄园里搭建了一个秘密实验室进行研究。

按照实验报告的要求，瓦特必须报告实验结果，并提供关于实验中所发射的无线电波波

图8-3　瓦特

频和能量等级的详细数据。瓦特通过安装接收器来记录所发射电波的能量级。正是在记录过程中,瓦特注意到,在监控实验用的示波器上不时地出现一些光点。

通过近距离观察,瓦特发现这些时隐时现的光点正是自己所发射出的无线电波遇到过往飞机后反射回的反射波所致。他立刻联系附近的空军基地,让他们安排了几架飞机从实验场所的上空飞过,结果显示,无线电波可以检测到高达120千米高空范围内的飞机。

瓦特以"无线电探测与测距"为题,向上级提交了研究报告。后来这个报告的题目便成了空袭警报系统的正式名称。再后来,人们将"无线电探测与测距"的英文词头缩略为RADAR,中文音译为雷达。

1940年,伯明翰大学的约翰·兰德尔和亨利·卜特一起发明了一种空腔谐振磁控管设备。这是一种可以发射出密集有力的短波,尤其是高频无线电波的新设备,是产生更强大的无线电波回声的新仪器。安装了新设备的英国雷达系统可以精确探测到320千米范围内的飞行器。

雷达的发明是影响第二次世界大战战局的关键因素之一,它与原子弹、青霉素并称第二次世界大战期间的三项重大发现。战争后相关技术转入民用,引发了很多技术革新,如民航雷达、微波炉、射电天文望远镜的研发。说雷达是改变世界的发明也毫不为过,更有人认为雷达是拯救与改变了世界的发明之一。

1941年11月末,美国的首批雷达站之一在位于美国西北部的夏威夷火奴鲁鲁建成,并进行了实验。1941年12月7日一大早,雷达突然监测到正在大批来袭的敌机,军官们当时认为是系统出现了故障,并未采取相应防御措施。后来的事实证明,雷达系统检测到的正是前来袭击珍珠港的大规模的日军飞机。

1945年8月,《时代》周刊准备以雷达作为封面故事,介绍这个引领盟军走向胜利的关键技术。在截稿日接近时,两颗原子弹落在了日本。原子弹把雷达"挤"下了封面。缔造原子弹的奥本海默等科学家成为那期杂志的主角,而辐射

图8-4　瓦特在实验室

实验室则仅被描述为"一支由科学家组成的无名军队"而一笔带过。一位科学家说："雷达的风采被原子弹给遮蔽了。"就连原子弹的缔造者也为雷达打抱不平："原子弹只不过为战争画下了句号，真正帮助赢得战争的却是雷达。"

156

晶体管的发明

　　晶体管是一项震惊世界的发明，也是20世纪重大的科学成就之一。在寻找一种可替代真空管的半导体元件固体放大器的研发过程中，贝尔实验室固体物理研究团队的"三驾马车"——肖克利、巴丁和布拉顿发挥了重要作用。在对半导体场效应的理论研究基础上，他们经历了许多失败，首先制成了以锗为基础的具有信号放大功能的元件，该元件被命名为晶体管。最初被制成的是一种点触式三极管，不久后又出现了经过改进的结式晶体管。晶体管的发明点燃了晶体之火,后来还点燃了硅谷之火,正是用硅制成的晶体管促成了许多公司的诞生,比如苹果、英特尔、微软等。晶体管的发明拉开了信息时代的序幕。

比尔·盖茨曾说:"如果能够穿越时空,我第一个要去的地方就是1947年12月的贝尔实验室。"

晶体管被认为是贝尔实验室的一项伟大创新,这项研发与第二次世界大战期间雷达的研发颇有渊源。

19世纪40年代,电子计算机问世后,由于电子管元器件众多、体积庞大、造价昂贵,计算机的小型化被提上了日程。

贝尔实验室是美国工业实验室的先锋。在1920年前后,工业实验室的理念在美国刚刚被广泛接受,而贝尔实验室作为一个单独机构成立于1925年。贝尔实验室在第二次世界大战爆发后承担了大量的战时研究和发展项目,并在战争结束后总结战时的经验教训,致力于工业发展。

1945年,万尼瓦尔·布什发表了报告《科学,无尽的前沿》,呼吁政府支持基础研究,他的理念与贝尔公司的信念一致,即纯粹的科学研究可以带来实用的产出。

1943年,贝尔实验室研究部门的负责人莫文·凯利把一份内部备忘录发给贝尔公司的管理层,强调了半导体研究对于贝尔公司未来的重要意义。这个举动显然获得了响应,贝尔实验室里建立起了阵容强大的固体物理研究小组。该小组的领导者是物理学家威廉·肖克利和斯坦利·摩根。小组成员不仅有物理学家,还有电路工程师和化学家;既有擅长实验工作的,也有擅长理论工作的。这是真正的交叉领域团队,就像战时研究项目里的成功团队一样。该团队中还包括另两名后来的诺贝尔奖获得者——约翰·巴丁和沃尔特·布拉顿,他们在半导体理论的最前沿进行探索的同时,都强烈地希望为自己的工作找到应用前景。

这与过去的,特别是在欧洲进行的诸多为了研究而研究的"纯粹科研"形成了鲜明的对比。据说,当汤姆逊在1897年发现电子的时候,他用于结束庆功会的祝词是:"祝愿它永远也不会对任何人有用!"

贝尔实验室的研究者们绝对不怀疑他们的工作会"有用",而且后来事实也确实如此——当然,贝尔公司绝不是唯一的受益者。通过授权其他感兴趣的团体,让他们使用这些发明,科学界推动了固体电子学的迅速发展,这对所有关心它的人都有好处。

直到1948年6月30日,即晶体管被发明6个月之后,在纽约曼哈顿举行的新闻发布会上,贝尔实验室才公布了这项发明,公众这才得知这件事,而且也只知皮毛不知精髓。

贝尔实验室的研究主管拉尔夫·布朗将晶体管描述为"那个很小很小的东西"。接着,布朗慢条斯理地说:"我们称它为晶体管,因为它是一种可以让电子信号在输入端和输出端之间穿梭时被放大的电阻器或半导体设备,但它没有真空的灯丝和玻璃管,它完全是用无温度、实心的物质构成的。"当时现场的记者们对此并不怎么感兴趣,因为只有了解真空管的背景,才会明白这一变革的意义。

肖克利非常重视他们发明的晶体管,就像他看重自己在贝尔实验室的时光一样。他在30年后写道:"听见由晶体管放大的声音,就像是听见亚历山大·格雷厄姆·贝尔在说那句著名的'沃森先生,快来呀! 我需要你'。"

肖克利于1956年与他在贝尔实验室的两名同事分享了诺贝尔物理学奖。

半导体晶体管的发现和运用,是电子技术撬动电子工业的一种杠杆,而集成电路的发明可以视为另一种杠杆,正是这两项技术使人类从此步入了微电子时代。

因为这两项技术都是建立在硅的基础上,而硅又是沙粒的主要成分,所以,它们又可以被称为"点沙成金"的新技术革命。

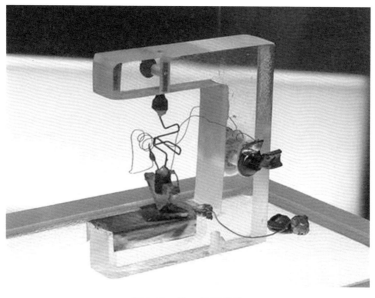

图8-5 第一只晶体管

图8-6 发明晶体管的"三驾马车"

硅谷位于美国加利福尼亚州的北部，因晶体管的设计和制造而得名。后来，随着微电子技术等高新技术的迅速发展，并以周围的斯坦福大学、加州大学伯克利分校等世界一流名校为依托，它逐渐成为高新技术产业的代名词。

现在，硅谷已将科学、技术和生产合为一体，拥有众多大大小小的电子工业公司，其中包括思科、英特尔、惠普、苹果等世界知名的大企业。硅谷汇集了世界各地的优秀科技人员，被认为是美国高新技术的摇篮，还被称为全世界的人才高地，其他国家纷纷效仿。如今，"硅谷"已经成为世界各国高新技术聚集区的代名词。

第一代计算机

计算机的研发与第二次世界大战中的军事需求有重要关系。像许多其他的科技发明一样，电子管计算机也因为第二次世界大战而获得了快速发展。1943年，在计算机先驱阿兰·图灵的思想基础上，英国政府制造出第一台全电子化计算机"巨人"，用来对德国的加密通信进行解码。它们成功地破译了曾被认为很安全的德国高级命令编码。"巨人"计算机在盟军战胜法西斯的过程中发挥了巨大作用。

布莱切利公园位于伦敦西北80千米处。1939年8月，布莱切利公园开始建设，当时英国政府的编码和译码学校从伦敦迁移至此，此举使密码专家能够在一个更为安全的环境中从事密码破译工作。

阿兰·图灵于1939年来到布莱切利公园，同行的还有来自剑桥的其他教授，他们帮助研究小组设立了一种分析方法和工作流程。布莱切利公园后来成为图灵及其思想的象征,他的思想涉及智能、逻辑和软件,还涉及普遍式计算过程的解决方案。这些工作都是图灵在布莱切利公园进行的。1939年之后,布莱切利公园的研究者人数迅速增加。到战争临近结束的时候,人数已经达到约10 000人。这些人来自政府和与战争有关的各个部门,他们都在布莱切利公园里住了下来。

因为密码破译专家都必须宣誓对所从事的工作保密,所以有关布莱切利公园的材料一直到1970年才向世人公开。目前,英国国家计算机博物馆也设在布莱切利公园。

在布莱切利公园这个十分秘密的基地中,有一个小组是由马克思·纽曼领导的,组员包括唐纳德·米奇和汤米·弗劳尔斯等人。这个小组设计了一系列的密码破译计算机,这些机器基于图灵发明的密码解析原理,被用于粉碎英尼格马机所产生的曾被认为很安全的德文高级命令编码,取得了成功。人们公认,在大西洋战役以及整个战争进程中,来自布莱切利公园的各种机器影响深远,虽然当时具体工作的细节是完全保密的。

图灵是现代计算机之父,是第一个提出利用某种机器来实现逻辑代码执行,以模拟人类的各种计算和逻辑思维过程的科学家。而正是这一点,为后人设计实用计算机提供了思路来源,成为当今各种计算机设备的理论基石。

"巨人"计算机是由英国工程师汤米·弗劳尔斯设计的。严格来说,"巨人"计算机并不是一台当今意义上的计算机,而是一系列的计算阵列,"巨人"的任务是破解德军密码。

弗劳尔斯从伦敦大学毕业后,来到邮政总局工作,邮政总局负责英国的所有无线电通信。他的工作部门是邮政总局的研究站,位于伦敦的多利斯山区域,他的工作内容是为远距离电话系统找到实验性的电子解决方案。这些实验奠定了现代直接拨号技术的基础。

弗劳尔斯曾经在柏林的实验室工作,1939年秋天,这个深谙真空管理论的年轻工程师在"最后一刻"成功逃离了"第三帝国"。弗劳尔斯回忆道："战争爆发的前几天，我还在柏林的实验室里工作，英国大使馆打来电话让我立即回国。我越过边境来到荷兰，仅仅数小时后德国就关闭了国境。"

战争期间，弗劳尔斯与图灵并肩工作，他们的命运因发明计算机而紧紧地交织在一起。

1943年3月，阿兰·图灵在访问美国几个月后乘船回到了英国。图灵与极富才华的弗劳尔斯取得了联系。在弗劳尔斯和纽曼的领导下，一台体现了"图灵主义"的机器很快就被制造出来了。弗劳尔斯的骄人成绩不仅在于短短几个月内就造出了一台能够运行的机器，还在于能用一个包含如此大量真空管的机器从事有用的工作。

1943年，第一台全电子化计算机"巨人"在布莱切利公园破解了德国军事密码。在"二战"末期的1943—1945年，共有11台"巨人"计算机被秘密地设计出

图8-7　英国国家计算博物馆中的"巨人"计算机

来并用于破译德军密码。

"巨人"计算机包含2300多个电子管,它唯一的用途就是破解密码。它包括5个不同的处理单元,每个单元每秒都可以读取并解译5000个编码字符。利用"巨人"计算机,英国情报部门成功破解了德军的许多军事情报,为战争期间盟军的军事行动提供了极为重要的支持。

在超过30年的时间中,"巨人"计算机的存在一直被列为机密。"二战"结束后,英国政府甚至销毁了"巨人"计算机几乎所有的硬件与设计图纸。直到20世纪70年代,英国政府才公开承认了"巨人"计算机的存在。

2007年,英国国家计算机博物馆的科学家团队根据已解密的布莱切利公园工程师记录和其他资料,制造出了一台与"巨人"计算机功能完全相同的复制品,这台计算机如今陈列在布莱切利公园里。

微信扫码

看科学实验小视频高效学习
添加学习助手获取服务

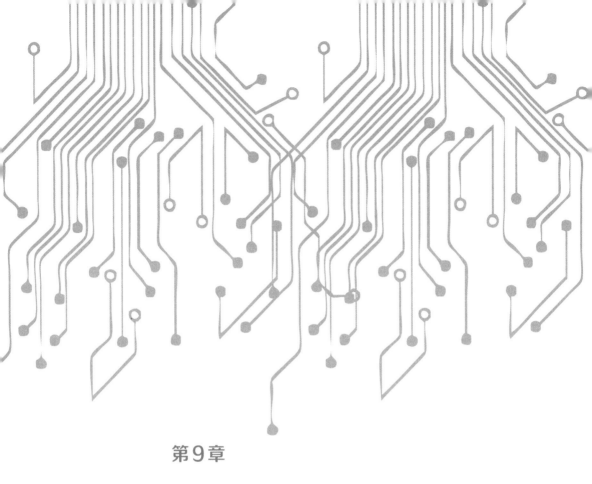

第 9 章

科学实验在中国

王星拱与《科学方法论 科学概论》

王星拱于1920年出版了他在北京大学讲授科学方法课程的讲义《科学方法论 科学概论》，这是中国近现代第一本关于科学方法论的著述，体现了五四时期中国科学界对科学方法的追求，在中国近现代学术转型中发挥了重要作用。在"科学与人生观"论战中，王星拱是与玄学派相抗衡的科学派的主将，《科学方法论 科学概论》是科学派在科学与人生观论战中的理论基础。王星拱在科学精神上启蒙于著名思想家严复。早年负笈英伦期间，他受到英国科学方法思潮兴起的影响，回国后致力于宣传提倡近代科学的实验方法。他一直强调"试试看"的态度，也就是科学家的实验态度。王星拱在国内率先开设了科学概论课程，是中国科学教育的先驱者。

1906年，王星拱就读安徽高等学堂期间，严复受聘出任学堂监督，王星拱与严复结下了师生之谊。严复先生积极提倡科学精神，这对王星拱产生了深远的影响。

王星拱喜欢读严复校长翻译的《天演论》等书籍，严复宣传的"物竞天择，适者生存"的生物进化理论和"鼓民力、开民智、新民德、自强自立"的新观念，让王星拱开阔了眼界。严复曾倡导过培根的科学方法，而王星拱的一生在某种意义上就是沿着严复的足迹在前进。

同时，留学英国帝国理工学院的教育经历也对王星拱影响至深，他一贯强调的"专研学术，致力国家与社会"实际上就是帝国理工学院精神。

1920年，王星拱所著的《科学方法论 科学概论》一书出版，这是近代中国第一部系统说明科学方法论的专著。王星拱认为："科学方法是什么呢？换一个名字说，就是实质的逻辑。这实质的逻辑，就是制造知识的正当方法。"而此前，只有严复以他独具的眼光用心介绍过近代科学的实验方法，那就是培根所倡导的"实测内籀之学"（即经验归纳法）。

王星拱在序言中介绍，《科学方法论　科学概论》是基于他在北京大学开设课程的讲义编辑起来的。该书介绍了关于"归纳与论理""观察和实验""假定和方法"等科学方法论的基本理论和概念。

王星拱在北京大学开设科学方

图9-1　《科学方法论　科学概论》图书封面

法论课程的背景，是蔡元培到北京大学之后极力革除"文理分驰"的弊病。蔡元培认为，若"文""理"不能沟通，那么文学哲学方面的学生，将流于空谈玄想，没有实验的精神，就成了变形的举子；而科学工程方面的学生，若只知道片段的事实而没有综合的权能，就成了被动的机械。这两种人，都不能适应将来的世界环境。王星拱希望通过写作《科学方法论　科学概论》，也能在这项教育改革大事业中尽他的力量。王星拱后来还写作了《科学发达史和科学中之综合的理论》。

有学者在考察《科学方法论　科学概论》在中国现代学术建立中的意义时强调，从新文化运动的开展来看，《科学方法论　科学概论》一书是与运动中科学主义思潮的狂飙突进相联系的，既是科学主义思潮的产物，又扩大了科学主义思潮的影响。

1919年,胡适在《实验主义》一文中把实验作为一种科学方法加以介绍时,将其方法简明地概括为两个根本观念:"第一是科学试验室的态度,第二是历史的态度。"这个概括既简明又形象。其中"科学试验室的态度",也就是我们现在说的实验室的方法。

图9-2　王星拱塑像

王星拱对此也有类似表述："科学中除叙述事实之外，也有原理，但是科学中的原理，是基于观察试验而得来的。若是后来观察试验的新事实和固有的原理不符，科学很愿意修改，或甚至于完全抛弃它的固有的原理。这就是科学家在试验室的态度。必有如此的态度，而后科学方可有切实的进步，方可有新异的发明。"这是王星拱在1924年的论文《哲学方法与科学方法》中指出的。我们可以将此理解作为科学家对科学方法的理解。

王星拱是五四新文化运动以及"科玄论战"中科学一方的一员大将，挺身而出捍卫了科学精神。在1923—1924年的"科玄论战"中，王星拱是科学一方第三个上场的。在论战中，王星拱作为一个坚定的科学主义拥护者，站在了科学派阵营一边。他说："科学之功效，既不只轮船火车之应用之技能，也不只热胀冷缩之物理的理论。它对于这样的大问题——利己利他的问题，伦理学中的问题——必得有一种特殊的贡献。"

竺可桢与物候学（气候变化研究）

竺可桢是第一代留学欧美并在学成归国后致力于科学救国、传播科学、提倡科学的科学家典范。竺可桢提倡科学实验精神，是科学素质教育的先行者。他在留学美国选择专业的时候首先考虑到中国是以农立国的国家，所以最初选择了农学专业，后来又转到与农业有关的气象学专业，1918年获哈佛大学博士学位。竺可桢先生有一个习惯，他凡是到野外去工作，总是带着四样东西，被称为随身四宝。这四样东西是照相机、罗盘、气温表和高度表，每到一处他都随时进行观测。

竺可桢1913年进入哈佛大学攻读研究生时，哈佛老校长艾略特已不再任职，但经常参加各种公开活动和演讲，深受学生爱戴。艾略特曾经在20世纪初考察东方各国，他在一次演讲中表达了一种观点："教育方面，我们西方有一法宝，那就是归纳法。东方学者耽于空想，他们往往陷于深深的沉思，通过冥想来顿悟，所研习的都是哲理。""西方近百年的进步，即受赐于归纳法。""我们要改变东方人耽于空想的毛病，从而使他们具有独立不倚、格物致知、研求科学、追求真理的精神，只有教给他们自然科学，以归纳的推理和科学实验的方法，简化锻炼他们外在的感官经验与能力，方使他们具有从日常观察中获得正确知识的能力。"

任鸿隽曾把这个例子用在《科学》的发刊词《说中国无科学之原因》中。任鸿隽认同艾略特提出的"药方"，认为是"谅哉言乎"，用今天的话来说就是"确实如此"。

竺可桢在哈佛大学听了老校长的演讲，深受激励，毕业后就以在中国发展科学为己任。

竺可桢先生是卓越的科学家和教育家。竺可桢先生有一个习惯，他凡是到野外去工作，总是带着四样东西，被称为随身四宝，这四样东西是照相机、罗盘、气温表和高度表。竺可桢每到一个地方，首先要观察当地的自然景象，然后会拿出罗盘定方向，接着用高度表确定高度，同时用照相机把一些景观拍摄下来。作为科学研究的资料，这些数据也被记录在他的日记中。

目前保存下来的竺可桢日记，日期从1936年一直持续到他临终去世的前一天，共有40多本。上海科学教育出版社出版的《竺可桢全集》对这些日记都按照原貌进行了呈现。他每天的日记都在正文前面记载着天气的阴晴、风力的级别、气温的高低，以及相应的物候现象。他一直保持这个习惯。每天六点钟起来后，他会把温度表拿到院子里，做完早操后再把温度表拿进屋里，把量得的温度记在日记本上。如果时间宽裕，他中午也会把温度表拿到院子里去测量室外温度,然后记下来。常有人说,竺可桢是对气候最敏感的人。

竺可桢日记出版以后,很多人读了他的日记都非常感动,特别是当了解到这样一件事:他临终的时候,仍然委托亲人收听收音机播报的当天温度,然后亲自记录下来,并且专门加了"局报"二字,注明这是根据气象局的报告所得,并非他实际测得。这一事例正是他一生提倡的科学精神的体现。

1972年,竺可桢发表了著名的学术论文《中国近五千年来气候变迁的初步研究》。他指出:从仰韶文化到安阳殷墟的约2000年间,黄河流域的年平均温

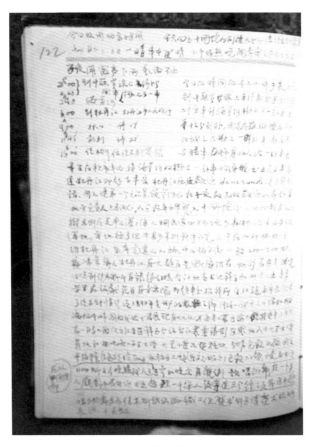

图9-3 竺可桢日记

度大致比现在高2℃,1月温度为3℃~5℃;此后的一系列冷暖变动,幅度为1℃~2℃,每次波动的周期历时400年至800年;历史上的几次低温出现于公元前1000年、公元400年、公元1200年和公元1700年;在每400年至800年的周期中,又有周期为50~100年的小循环,温度变动的幅度为0.5℃~1.0℃。

竺可桢指出,气候的历史波动是世界性的,但每一最冷时期,似乎都是先从东亚太平洋沿岸出现,而后波及欧洲与非洲的大西洋沿岸。气候大变动的主要原因是太阳辐射的影响,而小变动则与大气环流活动有关。

在当今全球气候变暖的背景下,回顾竺可桢等前辈科学家们的先驱工作,可以发现他们具有前瞻性的战略眼光。

方心芳与菌学

方心芳是中国现代微生物学的奠基人之一。方心芳那一代的微生物学家以巴斯德为榜样,希望实现科学救国的夙愿。方心芳先生大学毕业后受魏岩寿先生赏识,进入当时著名的工业研究机构——黄海化学工业研究社(后文简称"黄海社")的菌学与发酵研究室,在从哈佛大学毕业的孙学悟博士指导下进行科研工作,致力于用现代科技挖掘传统发酵工艺,揭开了汾酒酿造的七大秘诀。在黄海社工作期间,方心芳受"庚子赔款退款"资助,于1936年先后赴荷兰菌种保藏中心和法国巴黎大学访问研究。在抗战期间,他在用糖蜜作为原料发酵生产酒精时,创造性地用适量的人尿代替硫酸铵,被传为佳话。

方心芳是一位应用微生物学家,和菌种打了一辈子交道。

方心芳年轻时在上海劳动大学读书,在魏岩寿的指导下,他希望从中国传统酿造产品中发现新的菌种。方心芳从大学三年级时开始,每天吃住在实验室,在教授的指导下全力搞科研,专门从事对传统酱产品中酵母菌的研究。就这样工作一年多后,他写出了一篇毕业论文,受到教授的称赞。他马上表达了希望能和老师一起去位于天津塘沽的黄海社工作的心愿。

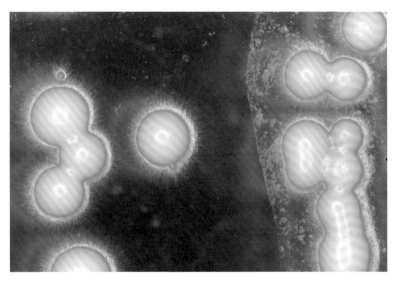

图9-4　酵母菌

成立于天津塘沽的黄海社菌学与发酵研究室的设施当时在国内首屈一指。黄海社是范旭东先生把他在永利公司的创办人报酬捐出来开办的研究机构,被誉为"中国的梅隆研究院"。黄海社当时不管是在硬件设施,还是在招聘人才方面都下了很大功夫,并由哈佛大学化学系毕业的孙学悟先生任社长。

1935 年前后,当时在黄海社菌学与发酵研究室从事科研工作的方心芳受"庚子赔款退款"资助,赴比利时、法国、丹麦等国的菌学与发酵机构进行访学和科研合作工作。1935 年至 1937 年在欧洲进修期间,他搜集了上百株菌种,通过各种形式带回国内。

卢沟桥事变后，当时黄海社的核心成员范旭东和孙学悟决定将黄海社从塘沽内迁至四川。方心芳回国以后，也向四川进发，带着他从国外搜集来的几十支保存菌种的试管，沿着长江而上，到达重庆。

来到重庆后，科研条件较差，没有办法，方心芳只好在重庆南渝中学的教室里，把课桌搭起来当实验台，并买了一部旧的显微镜，用于实验。像那一代生逢国难的很多科学家一样，方心芳此时的研究方向也发生了转变，他的研究题目变为：如何使用甘蔗榨糖形成的下脚料——糖蜜，来制造汽油的代用品——酒精。

糖蜜虽然也能供酵母菌生长，但是培养物中氮磷钾的比例不理想，造成了酵母菌营养不足。后来经过实验，方心芳发现酵母菌成长需要适当的氮元素，而当时氮元素主要来源于硫酸铵。在用糖蜜发酵制造酒精过程中，需要添加硫酸铵，但当时硫酸铵需要进口，价格昂贵。

后来，方心芳想到了用人尿中的尿素来代替硫酸铵，此原料易获得、成本低。方心芳在培养酵母菌的液体培养基里加入了一些人尿后，到附近的医院寻求帮助，用高压锅把培养基中的微生物全部杀死，再从长有酵母菌的试管中取出一点液体，放进保温箱。在保温箱里培养几天后，瓶中的液体开始浑浊，经化验，液体中已经有不少酒精产生。方心芳又经过反复实验，寻找到了比较好的配方比例。后来，在其他工程师的帮助下，经过几个月的设计施工，第一个以糖蜜作为原料、以人尿作为氮素补充剂的酒精工厂建成了。

新中国成立以后，竺可桢先生曾多次找方心芳讨论菌种保藏问题。方心芳协助汤非凡等人建立了中国第一家国家菌种保藏机构。后来，在方心芳的直接领导下，在中国科学院微生物研究所的菌种保藏中心，被保藏的微生物菌种超过了一万种。这些菌种可供给全国的需要者使用，也可与全世界的菌种保藏机构交换，在工业微生物的科研教学中发挥了很大的作用。

1980年，方心芳被任命为中国微生物菌种管理保障委员会主任委员。1982年，他当选中科院院士。

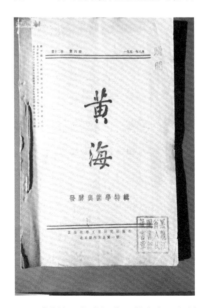

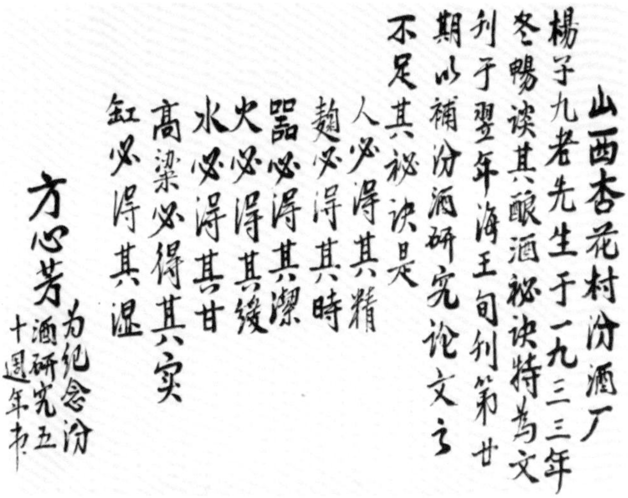
山西杏花村汾酒厂
楊子九者先生于一九三三年
冬畅谈其酿酒秘诀特为文
刊于翌年海王旬刊第廿
期以补汾酒研究论文之
不足其秘诀是
人必得其精
麹必得其时
器必得其潔
火必得其缓
水必得其甘
高粱必得其实
缸必得其湿
方心芳
为纪念汾酒研究五十周年书

图9-5　方心芳揭开汾酒酿造的秘诀

第十二卷　第四期
一九五一年八月
贈閱
黄
海
發酵與菌學特輯
黑龍江省人民圖書館藏書章

图9-6　《黄海-发酵与菌学特辑》一书封面

刘东生与黄土

地质学泰斗刘东生从20世纪50年代开始,就组织几十个人的研究队伍,对黄土高原十多条大断面徒步进行了野外考察,收集了大量的第一手资料,系统地采集和分析了大量实验室样品,确立了中国黄土"新风成"学说,奠定全球环境变化多旋回理论基础,建立了250万年来最完整的陆相古气候记录体系,开创了"青藏高原隆升与环境演变"新领域。刘东生引领了第四纪地质研究的实验室传统的建立。刘东生团队的努力使中国黄土作为陆地沉积的代表之一,与极地冰芯、深海沉积并称为认识近代地球环境变化历史的三大支柱。刘东生被国际地学界誉为"黄土之父"。

1954年初,刘东生在侯德封等国内科学家和苏联专家的带领下,参加了三门峡第四纪地质考察队。这是中国第一支第四纪野外考察队,也是刘东生从事第四纪研究的开始,开启了他对中国黄土的研究工作。

刘东生在黄土里发现了红色的古土壤层,启发了他对黄土的进一步研究。考察队回京后,恰逢中科院地质所根据李四光先生的建议建立第四纪地质研究室,刘东生成为该室第一批研究人员。

1954年,中国科学院启动黄河中游水土保持考察,刘东生参加了地质学组的工作。在这次考察中,刘东生的主要工作是记录黄土标本,通过实验分析黄土的物质成分、化学组成、矿物组成等。他在这次考察过程中找到了自己在第四纪研究中的方向——黄土研究。

黄土与生活于其上的百姓们的生计有紧密的关联。通过研究黄土,发现和解决其中的科学问题,服务于黎民百姓,正是刘东生一生志向所在。

刘东生等研究地质的中外科学家都把黄土高原上一些黄土的剖面看成"世纪年轮"。这是因为,一些地方的黄土剖面古土壤序列呈现连续完整,化石保存丰富,保存了大量的古气候、环境、生命等信息,一个土层断面就能反映持续10万年至30万年的一个气候时期,是揭示地球第四纪地质奥秘的极好载体。

图9-7　黄土高原地貌

刘东生关于黄土成因的新风成说揭开了黄土研究的序幕。关于黄土的起源,地质学家过去有"风成"和"水成"的争论。为了解开黄土成因的谜团,从20世纪50年代起,刘东生对黄土高原十多条大断面进行了徒步野外考察。经过认真调查和研究,刘东生判断我国的黄土已经有250万年的历史。他提出了黄土高原的"新风成"学说。"新风成"学说平息了黄土高原"风成"与"水成"的争论。

他从黄土地层研究中,根据黄土与古土壤的多旋回特点,发展了传统的四次冰期学说,此事成为全球环境变化研究的一个重大转折,奠基了环境变化的"多旋回学说"。《中国黄土》的报告中,丰富的黄土剖面图也向世人展示,地球气候的冷暖交替远远不止4次。这个发现后来也被国际上很多研究所证实。

有些人以为,地质研究就是到处去考察,收集资料。实际上,黄土研究需要现代化的仪器,其中仅土壤分析这一项,就对实验室设备要求极高。要对黄土成因进行考察,除了要进行大量实地调研,采集样品,还要进行各种实验室分析。黄土的分布、组成空间变化、化学成分、矿物组成、物理性质、其中的动植物化石和孢粉化石等,都需要结合实验室分析手段来研究。现在的黄土研究,用的不光是地质锤、罗盘和放大镜,更有离子探针、质谱仪、电子显微镜等高端仪器。

刘东生和他的同事、学生们形成了中国第四纪研究的实验室传统。要考察中国黄土研究的学术演进历程,第四纪研究的实验室传统的建立是一个重要环节。

中国第四纪研究的实验室传统的开创可以归功于中国第四纪环境研究的奠基人侯德封先生。正是侯德封先生引导刘东生那一代人一改以往的地质调查传统,建立了第四纪研究的实验室。地质调查所是中国地质工作的早期机构,其开展的地质工作侧重于野外观察和地质制图,不做或很少做实验工作。侯德封先生于20世纪50年代初主持中国科学院地质研究所工作以后,首先做的就是建立年代学、矿物学和沉积岩石学实验室。在侯德封的鼓励、带领下,中国科学院地质研究所第四纪研究室建立了沉积、化学、矿物、孢粉和碳-14测龄实验室,从而奠定了黄土研究的实验室基础。

相对于英国、美国的许多著名的第四纪研究室只专长一项技术,中科院地质研究所综合的、以实验为主的研究室在世界上首屈一指。这体现了侯德封先生当初建立实验室时的远见卓识。

刘东生先生非常重视第四纪研究和黄土研究的实验室建设,他为此呕心沥血,做了大量具体的工作,付出了巨大的心血。

地质学界有这样的一种说法:自然界沧海桑田的环境变化在地球上刻下了三本完整的"历史大书",这也是人类了解地球自然历史的三本"书":一本是深海

图9-8 刘东生

的沉积物,完整保存古环境变化信息;一本是极地冰川,系统反映气候变化;第三本便是中国的黄土。这三本"书"是我们认识地球上自然历史、气候、生物变迁的最佳工具。国际上认为,把黄土这本"书"解读得最好的就是刘东生院士。刘东生把区域性的黄土研究和深海研究的氧同位素指标、南极冰芯的同位素指标相比较,使得传统的第四纪研究进入以全球变化、持续发展为目的的新时期,也使得中国的黄土研究走向了国际化。

屠呦呦与青蒿素的发现

青蒿素的发现,是中国一项革命性的医学进展,被认为是20世纪后半叶最伟大的医学创举之一,是抗疟药研究史上继喹啉类药物后的一个新突破,是继承发扬中国传统科学资源的一项重大科研成果。2015年,屠呦呦因发现抗疟新药青蒿素的贡献而获得诺贝尔生理学或医学奖,这对我们国家具有重大意义。青蒿在中国是一种普通的植物,但我国多部门、多学科研究者尽心协作,经过现代科学和古代经验的结合,从中产生了造福人类的成果,震撼了世界。本节讲述了青蒿素背后的人和事,讲述了诺贝尔奖背后的坎坷故事,也讲述了我国科研工作者在大量的失败面前坚韧不拔的精神。这个故事是从一项秘密任务开始的。

20世纪60年代,越南有关部门向中国求援,希望中国能帮助解决热带抗药性疟疾的防治问题。当时的国家科委和中国人民解放军原总后勤部,于1967年5月23日在北京举行了一次全国性的协作会议,在会议上讨论并制定了一个为期三年的、寻找新的抗疟药物的研究规划,并将会议情况向中央有关领导做了报告。由于这是一项援外的特殊任务,出于保密需要,对外称为"523任务"。当时,"523任务"的具体负责机构"523办公室"组织了全国七个省市的相关科研机构参加了这项任务,对3 000多种中草药进行了筛选,但是都没有获得满意的结果。在这样的背景下,1969年,中国中医研究院接受了"523办公室"的要求,参加了"523任务",组织成立课题组。中国中医研究院中药研究所的实习研究员屠呦呦入选了"523任务"课题组。

屠呦呦接受任务后,在一些老专家的帮助下,决定系统地收集整理历代医学古籍中的本草类文献、各地的地方药物志、中医研究院历年来的人民来信,以及老中医大夫的验方。因为中医研究院建院以来的积累,在中医研究院图书馆里有相当丰富的这方面资料。屠呦呦先后收集了包括植物、动物、矿物的2 000多味方药,从中重点归纳了200多味方药汇编成册,并对这些方药进行了中草药有效成分的筛选提取以及动物实验,希望从中挖掘出能够有效抗疟的药物成分,但结果都失败了。

1969年6月前后,屠呦呦和课题组成员先后筛选了三四十种中药,并重点选出了胡椒和雄黄(但没有青蒿和黄蒿)。他们将这些中药的提取物交给军事医学科学院做鼠疟的抑制实验,发现胡椒等的提取物对鼠疟的抑制率达到80%以上。但是后来,因为临床疗效和药理实验筛选不一致,课题组终止了对胡椒等的研究。

课题组成员继续对古籍文献中的方药进行重点筛选,认为雄黄、青蒿、乌头、乌梅、鳖甲等值得复筛。课题组成员将青蒿提取物的实验结果汇报给屠呦呦。1970年,屠呦呦将青蒿列入筛选名单,认为青蒿与雄黄是两个值得关注的复筛对象。

屠呦呦是如何对青蒿进行研究的呢?当屠呦呦课题组把青蒿引入为复筛对象后,对于青蒿中有效成分如何提取,课题组曾经尝试了很多种方法,包括用水、用乙醇加热沸腾,总共经历过300多次实验。

在此期间,屠呦呦及其课题组面临着关于青蒿素提取的许多困难。

首先是青蒿的品种很多,命名混乱。后来课题组经多次考证,证明了中国古籍上所记载的能够抗疟的青蒿只有一种。

其次是青蒿的采收季节问题。课题组经研究了解到,一年中较早时间采收的青蒿,含有大量酸性成分,无抗疟作用。认识到青蒿采收的时间对其抗疟效果的影响,具有重要意义。

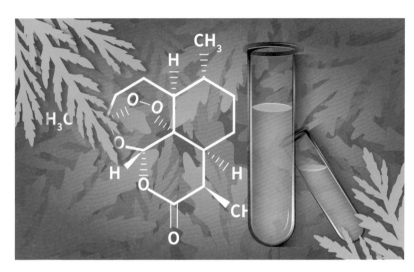

图9-9　青蒿素

第三个问题是青蒿的用药部位。市场上出售的青蒿,所采集的大多数是茎干部位,青蒿的茎干具有解暑抗热的功效,但是不含青蒿素。只有青蒿的叶子才含有抗疟的青蒿素。

当然,整个研究中最核心的,还是提取方法的突破。

屠呦呦在其2009年出版的《青蒿及青蒿素类药物》一书中回忆:受东晋葛洪的《肘后备急方》有"青蒿一握,以水一升渍,绞取汁,尽服之"的记载的启发,她重新设计了实验,改进了提取方法。相较于曾经的做法,她改用低温条件,用乙醚萃取,然后用碱除掉其中的酸性成分,从而获得一种粗提取物成分。

1971年10月4日,屠呦呦的团队在青蒿中成功获得了有效提取物,他们称之为醚中干。他们按照每千克体重给药1.0克的剂量,通过口服方式给药,让小鼠连服三天,发现该物质对鼠疟的抑制率达到100%。这是屠呦呦的"发现时刻"。

屠呦呦的工作,实际上是用现代科学技术手段整理中国传统中医药方的一个成功案例。在西方,通过化学方法对天然资源进行筛选,做法往往比较盲

图9-10 屠呦呦

目。虽然屠呦呦及其课题组也经过了对数百种中药的筛选,但是对比美国研究者针对三十多万种化合物展开筛选的做法来讲,她的研究效果还是立竿见影的。

在人类与疟疾抗争的进程中,已有多名从事与疟疾相关研究的科学家获得诺贝尔奖。其中,发现疟疾传播途径的英国医生兼微生物学家罗纳德·罗斯于1902年获诺贝尔奖;法国科学家拉韦朗从病人体内找到了疟疾的病原体——疟原虫,获得了1907年的诺贝尔奖;瑞士化学家米勒发明了化学物质DDT,用DDT杀灭蚊子,在当时有效控制了疟疾的流行,获得了1948年诺贝尔奖;2015年,屠呦呦以发现抗疟新药青蒿素的贡献获得了诺贝尔生理学或医学奖。

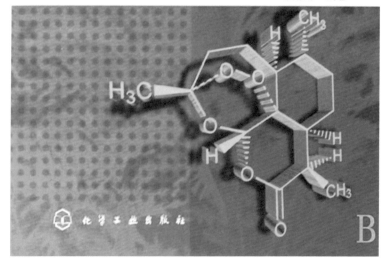

图9-11 《青蒿及青蒿素类药物》一书的封面

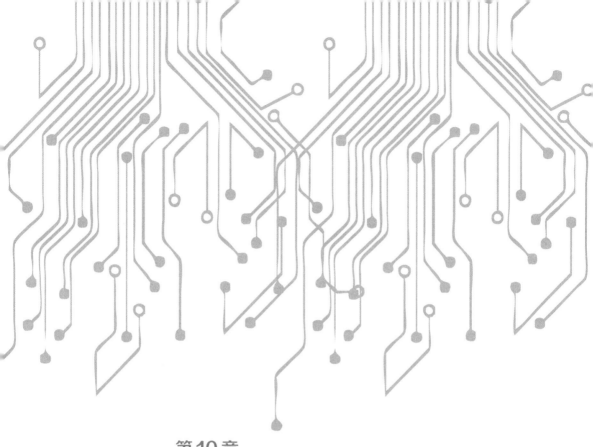

第 10 章

无尽的旅程

"吃掉自己"的细胞

> 今天的我们已经知道,自噬是细胞的一项重要机制。细胞自噬机制参与了生物体的众多生理过程,与许多疾病的发生和发展有关,也是维持生物体功能正常运转的保证。20世纪90年代,日本科学家大隅良典通过一系列艰难实验,巧妙地利用面包酵母细胞,找到了致使细胞自噬的有关基因。他首先证明了酵母细胞存在自噬机制,而后分离出了关键的相关基因,进而揭开了一些基本机制,并且阐明了自噬的基本原理。自噬机制与人类的许多疾病有关,尤其是癌症。调控自噬被认为是治疗癌症的突破口。

20世纪60年代,科学家发现,细胞可以将细胞质和细胞器包裹进一个膜结构,然后把这个小型囊体运输到被称作溶酶体的回收机构分解,从而消灭自身内部的物质。

发现细胞中的溶酶体的比利时生物学家迪夫将细胞内包裹细胞质和细胞器送入溶酶体的过程命名为自噬,意思就是自己吃掉自己。

自噬被认为是细胞降解回收细胞内零部件的过程,这个过程能快速提供能量和材料,用于应急,还能用来对抗入侵的病原体,清除受损结构。自噬机制的受损被认为与帕金森病等老年疾病密切相关。虽然人们早就知道自噬作用的存在,但由于对这一过程的研究非常困难,自噬作用被发现后的30年来,研究者对其几乎未有任何实质性研究成果。直到有了日本科学家大隅良典的精巧实验之后,人们才对它的机制和重要性有了深入的认识。

1945年,大隅良典出生在日本福冈县,他的父亲是九州帝国大学的工科教授。小时候,大隅良典非常喜欢阅读《动物的历史》《空气的发现》以及法拉第

186

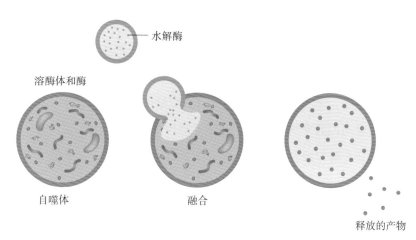

水解酶

溶酶体和酶

自噬体

融合

释放的产物

图 10-1　溶酶体和自体吞噬

的《蜡烛的化学史》等科普书籍。这些书籍令他非常着迷,也启发了他对科学的兴趣。

　　大隅良典于 1974 年在东京大学获得理学博士学位后,来到世界知名的生物医学研究中心——位于美国纽约的洛克菲勒大学生物医学研究中心做博士后研究工作。博士后出站后,他回到母校东京大学,组建了研究团队,开展酵母研究。大隅良典目前担任东京工业大学前沿研究中心的教授。

　　大隅良典的研究内容,在日文中写作"自食作用",从字面上理解,就是自己吞吃自己的过程。大隅良典的贡献在于,他找到了酵母这种既简单又与人类细胞相似的实验对象,将复杂的问题化繁为简了。大隅良典用不起眼的酵母解决了 20 世纪 60 年代以来一直困惑着科学界的自噬难题。

　　大隅良典通过酵母研究阐释了自噬作用的关键机制,同时也发现了自噬机制同样存在于人类的细胞内。这一发现揭开了自噬机制在一系列重要生理过程中所发挥的关键性作用,比如影响生物体对于饥饿的适应、对于疾病感染的反应等。不仅如此,对自噬作用的发现还能让人们进一步了解诸如癌症和神经疾病等病症的发生原因。

大隅良典从美国回到日本后，1988年在东京大学理学院成为助理教授，之后他开始组建自己的小型实验室。在"做别人没做过的工作"的科研思路支配下，他决定研究酵母液泡的分解功能。不久，大隅良典通过光镜和电镜发现了酵母的自噬现象。利用酵母系统，他对有自噬缺陷的突变体进行了遗传筛选。这些酵母自噬基因的发现，被认为"打开了现代自噬研究的大门"。

大隅良典在酵母研究中发现了酵母细胞自噬过程后，在业内进行了报告，指出在营养缺乏的条件下，物体内会发生自噬现象。他同时指出，自噬作用对于酵母的存活是必需的。

大隅良典课题组在实验中让酵母在营养不足的条件下生长，然后通过筛选观察，发现哪些基因是酵母存活所必需的，同时观察自噬体是否形成。他们最终筛选了一批参与自噬调节的关键基因。在自噬分子机制研究的开始时期，他们筛选了上千种不同的酵母细胞，鉴定了15个参与自噬调控过程的关键基因。

后来的研究发现，被破坏的自噬机制，与一些老年疾病，如帕金森病、II型糖尿病等有关。科学家指出，自噬基因突变也有可能导致遗传疾病，而自噬机制被干扰后还有可能导致癌症。这一领域的科学家表示，近年来科学家在自噬方面的研究取得了显著的进步，尤其是对自噬的发生过程和调控机理有了更深入的认识，但是这一领域还有很多尚待解决的难题。

大隅良典被授予了2016年的诺贝尔生理学或医学奖，以表彰他在有关细胞自噬机制的研究中取得的重要成果，以及为阐明细胞适应环境的机制、自噬机制原理及其生理意义所做出的重大贡献。

大隅良典在接受记者采访时说，尽管他研究自噬已经近30年了，但是他仍然希望更多地了解自噬。大隅良典认为，日本的研究者现在比较专注于转化医学，而对基础医学不够重视。他希望自己的获奖能够推动日本基础科学的发展。

对自噬过程的深入了解有利于更好地解决一些疾病治疗问题，以自噬为基础的临床研究还需要更多的科学家参与和努力。可以相信,以此为基础开发的药物将用于临床,造福人类。

揭示生命细节的利器

冷冻电子显微镜技术(也称为低温电子显微镜技术,后文简称冷冻电镜)是新型电子显微镜的一种,被用于确定生物分子的高分辨率结构,克服传统电子显微镜的技术难题。与传统方法——X射线晶体法相比,冷冻电镜所需的样品量极少,也无须生成晶体,将生物化学(结构生物学)带入一个新纪元,为科学家探索微观生命世界提供了新工具,被誉为结构生物学的"最强大脑"。科学家乐观地指出,通过冷冻电镜,很有可能在近期内获得原子级分辨率下的生命复杂结构的详细图像,这能够极大地影响未来的新药研发,推动新疗法的开发。

在很长一段时间里,科学家研究蛋白质结构时所采取的主要方法是X射线晶体衍射和核磁共振。而我们在这里要说的单颗粒冷冻电子显微镜,也就是冷冻电镜,则是一个较新的工具。冷冻电镜使我们对生物大分子结构的观察达到了接近原子水平的分辨率。

冷冻电镜是电子显微镜的一种,它的工作原理和常见的光学显微镜类似,也是通过光与样品的相互作用而成像。冷冻电镜的独特之处是它所采用的光源不是可见光,而是电子。由于波长的限制,使用可见光的光学显微镜的分辨率一般是1 500倍以下。相比之下,电子的波长非常短,大约是可见光波长的十万分之一,因此冷冻电镜的分辨率可以达到更高的水平,能够直接观测到生物大分子(例如蛋白质分子)的精细结构。

冷冻指的是用液态的乙烷将含有水分的生物样品快速冷冻,制备出很薄的水膜(厚度为几十纳米)。冷冻完成以后,研究者就可以用电镜在真空环境下观察被固定了的蛋白质分子的空间结构。

这一技术是在20世纪70年代开始出现的,随着这种技术的成熟,要研究生物大分子的原子结构,不再需要像X射线晶体衍射法那样辛辛苦苦地进行结晶和分析等过程,只要拍一张"照片"就能知道蛋白质的真实结构。

冷冻电镜的应用,打破了结构生物学长期停滞的局面。科学家从提出三维重构原理,到开发出生物样品快速冷冻技术,再到实现图像分析技术的成熟完善,逐渐地解决了生物样品的辐照损伤问题。冷冻电镜技术日渐成为一个具有巨大潜力的革命性技术。

我们以测定蛋白质分子三维结构为例,大致说明冷冻电镜的使用步骤。

第一步,将蛋白质分子配制成溶液。

第二步,将配制好的溶液加入到电镜的样品板上,按照电镜的要求进行样品制备。

第三步,将制备好的样品板迅速浸入用液氮冷却的液态乙烷中。通过快速降温,在生物分子周围的水从液态形式被固化,形成无定形的冰。这样一来,生物分子即使在真空中也能维持天然形态。而且,玻璃态冰在电镜下几乎透明,不会形成干扰。值得说明的是,正是这一突破使得快速制备高质量冷冻电镜样品成为可能,冷冻电镜技术也得以推广开来。

第四步,让样品保持超低温并进入电子显微镜,用具有高度相干性的电子照射样品,电子穿透样品和附近的冰层并被散射,探测器和透镜系统将散射信号转换为放大的图像并记录下来。

第五步,由于在获得的电镜图像中,蛋白分子的朝向/位置是随机的,此时通过计算机程序自动地将这些不同朝向/位置的蛋白分子识别出来并进行定位。

第六步,通过算法对电镜下模糊的数千张二维图像进行分析和合并,再进行三维重构,从而获得相对清晰的三维结构。这种三维重构的算法是冷冻电镜技术发展的基石。

2017年10月4日,发明冷冻电镜技术的三位学者获得了诺贝尔化学奖,以表彰他们在冷冻显微术领域的杰出贡献。诺贝尔奖评选委员会是这样解释的:"科学发现往往建立在对肉眼看不见的微观世界进行成功显像的基础之上,但是在很长时间里,已有的显微技术无法充分展示分子生命周期全过程,生物化学图谱因此留下很多空白,而低温冷冻电子显微镜将生物化学带入了一个新时代。"

冷冻电镜技术在过去40年里获得了重大的进展,而专家认为这一技术还有不少可以提升的空间。其中的一大关键在于进一步提高冷冻电镜的分辨率,研究者期望将其提升到2埃①左右。另一大关键在于提高冷冻电镜的使用效率,如果能够快速方便地获得大批样品的高清结构,无疑将会加速这项革命性技术在医药领域的应用。

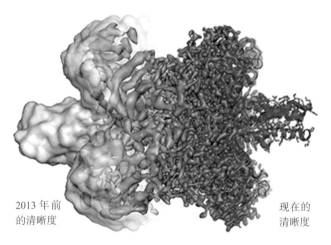

2013 年前
的清晰度

现在的
清晰度

图10-2 2013年前的成像分辨率与目前的成像分辨率比较

---

① 1埃＝10^{-10}米。——编者注

揭开生物钟的面纱

所有生物体内都有"生物钟",生物钟可以帮助我们适应昼夜的更替、季节的变化。如果体内的生物钟发生紊乱,我们就会生病。研究生物钟的分子水平运作机理的科学家团队以果蝇为研究对象,发现生命体的昼夜节律受脑内的"周期基因"控制。该基因调控的蛋白质会引发睡意,这些蛋白质的浓度在早晨较低,在夜晚较高,使得实验中的果蝇在晚上更想睡觉。通过让周期基因发生变异,可以"拨快""拨慢"甚至关闭果蝇的生物钟。这些实验的结论被证实同样适用于包括人类在内的其他生物,并且被认为将有助于治疗与睡眠相关的遗传病,或解决诸如倒时差等生活问题。

广义的生物钟是指不同生物体内各种随时间变化而发生周期性变化的生理生化活动或生物节律。通常人们所说的生物钟指昼夜节律,是一种大约以昼夜 24 小时为周期的节律性生命活动。

美国科学家杰弗里·霍尔、迈克尔·罗斯巴什和迈克尔·杨,致力于探索生物钟奥秘三十余年,终于从基因层面揭开了生物钟的神秘面纱,阐释了操控生物昼夜节律的分子机制。

生物钟的基因研究是从 20 世纪 70 年代科学家发现了果蝇的一个基因开始的。这个基因的英文简写是 Per,翻译成中文就是"周期基因"。

来自美国波士顿布兰迪斯大学的杰弗里·霍尔和迈克尔·罗斯巴什团队,以及来自洛克菲勒大学的迈克尔·杨团队,各自独立地从果蝇体内分离和提取出了 Per 基因,并且把这个基因编码产生的蛋白称为 Per 蛋白。他们发现,在夜晚,Per 蛋白会在果蝇体内积累,到了白天又会被分解。由此,Per 蛋白会在不同时段有不同的浓度,并以 24 小时为周期增加和减少,与昼夜节律惊人地一致。

为何 Per 蛋白会在 24 小时周期内呈现不同的浓度并循环往复呢？霍尔和罗斯巴什提出了一个假说来解释。Per 蛋白可以让 Per 基因失去活性，即 Per 蛋白与 Per 基因形成了一个抑制反馈的环路，Per 蛋白可以抑制基因合成自己，这就形成了 Per 基因的连续循环的 24 小时节律。当 Per 基因有活性的时候，其可以合成 Per 信使 RNA，后者进入细胞质后开始合成 Per 蛋白。随后，Per 蛋白进入细胞核，逐渐积累，抑制 Per 基因的活性，使其生产的 Per 蛋白减少。这样，就产生了一个抑制性的反馈机制，形成了昼夜节律。

科学家认为，如果果蝇的周期基因只存在于果蝇体内，或者只存在于昆虫体内，那么其研究意义就有限。如果能找到高等动物的周期基因，并因此开启高等动物生物钟的分子机理研究，那么该研究的意义就较大。幸运的是，最先在果蝇体内发现的周期基因，后来也在其他生物体内，包括人体中找到了。

在这个研究过程中，一些科学家用老鼠做实验，发现了哺乳动物的生物时钟基因——Clock 基因和其编码产生的 CKIε 蛋白（激酶），并能够比较完整地解释人和动物的生物钟机制。目前科学家们的普遍观点是，人和动物的生物钟是由 Clock 基因和对应蛋白、Per 基因和对应蛋白、Tim 基因和对应蛋白、DBT 基因和对应蛋白这四者共同作用而形成的。

2017 年，诺贝尔生理学或医学奖被颁发给上述三位科学家，以表彰他们发现并提取出周期基因的工作成就。他们的研究是人类第一次发现一种相当复杂的行为也可以由基因来控制，使人们能够深入了解生物钟这种神奇的现象，并接受"遵循自然界的昼夜节律有益身心健康"的观念。

以这三位科学家的工作为代表的研究，对于深入了解生命的运行机理、生命演化过程中与环境之间的相互作用，都有着重要的意义，同时也为研究调控生物钟的化学物质、研发治疗生物钟失常所致疾病的药物奠定了基础。

参考文献

[1] 查尔斯·默里,凯瑟琳·考克斯.阿波罗登月之旅[M].黄仲琪,译.上海:上海科学技术出版社,1992.

[2] 刘东生,等.黄土与环境[M].北京:科学出版社,1985.

[3] 珍妮丝·普拉特·范克莉芙.奇妙的科学实验室·生物篇[M].江秀瑛,译.杭州:浙江科学技术出版社,1998.

[4] 珍妮丝·普拉特·范克莉芙.奇妙的科学实验室·理化篇[M].林怡芬,译.杭州:浙江科学技术出版社,1998.

[5] 珍妮丝·普拉特·范克莉芙.奇妙的科学实验室·物理篇[M].林怡芬,译.杭州:浙江科学技术出版社,1998.

[6] 珍妮丝·普拉特·范克莉芙.奇妙的科学实验室·宇宙篇[M].王国铨,译.杭州:浙江科学技术出版社,1998.

[7] 珍妮丝·普拉特·范克莉芙.奇妙的科学实验室·地球篇[M].江秀瑛,译.杭州:浙江科学技术出版社,1998.

[8] 邢小兰,管淑侠.科学的情感:科学美漫话[M].海口:海南出版社,1996.

[9] 张宪魁,等.物理学习方法[M].北京:知识出版社,1993.

[10] 聂冷.吴有训传[M].北京:中国青年出版社,1998.

[11] 钟坤.扑朔迷离究缘由:遗传的故事[M].上海:上海科学普及出版社,1996.

[12] 哥白尼.天体运行论[M].叶式辉,译.武汉:武汉出版社,1992.

[13] 马伯英,等.中外医学文化交流史:中外医学跨文化传统[M].上海:文汇出版社,1993.

[14] 杨福生,赵兴太.诺贝尔医学奖获奖启示录[M].北京:人民军医出版社,1997.

[15] 王志均,陈孟勤.中国生理学史[M].北京:北京医科大学中国协和医科大学联合出版社,1993.

[16] 王志均.生命科学今昔谈[M].北京:人民卫生出版社,1998.

[17] 布朗,麦克唐纳.原子弹秘史[M].董斯美,等,译.北京:原子能出版社,1986.

[18] 克罗密.SKYLAB——人类第一个空间站的故事[M].北京:科学出版社,1982.

[19] 保罗·霍夫曼.阿基米德的报复[M].尘土,等,译.北京:中国对外翻译出版公司,1994.

[20] 马吉.物理学原著选读[M].蔡宾牟,译.北京:商务印书馆,1986.

[21] 数理化自学丛书编委会物理编写小组.数理化自学丛书·物理:第4册[M].上海:上海科学技术出版社,1980.

[22] 杰拉尔德·霍尔顿.天空中的运动[M].王以廉,译.北京:文化教育出版社,1983.

[23] 库德里亚夫采夫,康费杰拉托夫.物理学史与技术史[M].梁士元,等,译.哈尔滨:黑龙江教育出版社,1985.

[24] M.V.劳厄.物理学史[M].范岱年,戴念祖,译.北京:商务印书馆,1978.

[25] 沙摩斯.物理史上的重要实验[M].史耀远,等,译.北京:科学出版社,1985.

[26] 伽莫夫.物理学发展史[M].高士圻,译.北京:商务印书馆,1981.

[27] 塞格莱.物理名人和物理发现[M].刘祖慰,译.北京:知识出版社,1986.

[28] 肖尚征,刘佳寿.从古代物理到现代物理[M].成都:四川教育出版社,1987.

[29] A.爱因斯坦,L.英费尔德.物理学的进化[M].周肇威,译.上海:上海科学技术出版社,1962.

[30] 广重彻.物理学史[M].李醒民,译.北京:求实出版社,1988.

[31] 赛格雷.从X射线到夸克:近代物理学家和他们的发现[M].夏孝勇,译. 上海:上海科学技术文献出版社,1984.

[32] 陈武秀.物理学的反思[M].武汉:湖北教育出版社,1989.

[33] 孙茂权,等.演示光学[M].北京:北京师范学院出版社,1993.

[34] 卫斯特法尔.物理实验[M].王福山,译.上海:上海科学技术出版社, 1981.

[35] 特里格.二十世纪物理学的重要实验[M].华新民,等,译.北京:科学出版 社,1982.

[36] 特里格.现代物理学中的关键性实验[M].尚惠春,王罗禹,译.北京:科学 出版社,1983.

[37] R.M.惠特利,J.亚伍德.伦敦工学院200个物理实验[M].蔡峰怡,译.北 京:科学技术文献出版社,1984.

[38] 郭奕玲,等.物理实验史话[M].北京:科学出版社,1988.

[39] 龚镇雄.漫话物理实验方法[M].北京:科学出版社,1991.
[40] 袁克群,张立.物理解疑:第1册[M].天津:天津科学技术出版社,1987.

[41] 汤姆·邓肯.探索物理知识:第1册[M].北京:文化教育出版社,1980.

[42] 竹内均.易懂的物理:第1册[M].刘克恒,译.北京:文化教育出版社, 1981.

[43] 竹内均.易懂的物理:第2册[M].张金榜,译.北京:文化教育出版社, 1982.

[44] 陈浩元.闲话经典物理学[M].北京:中国青年出版社,1982.

[45] 别莱利曼.趣味物理学续编[M].腾砥平,译.北京:中国青年出版社, 1956.

[46] 上海师范大学物理系.有趣的物理[M].上海:少年儿童出版社,1980.

[47] 施皮尔伯格,安德森.张祖林,震撼宇宙的七大思想[M].辛凌,译.北京:科学出版社,1992.

[48] 刘仁隆.故事物理学[M].北京:科学出版社,1980.

[49] 宋玉升,等,译.诺贝尔奖获得者演讲集:物理学(第2卷)[M].北京:科学出版社,1984.

[50] 周国正.物质、质量和重量[M].北京:科学普及出版社,1981.

[51] 牛顿.牛顿自然哲学著作选[M].王福山,等,译.上海:上海译文出版社,2001.

[52] 杨福家.原子物理学[M].上海:上海科学技术出版社,1985.

[53] 杨福家.博雅教育(第3版)[M].上海:复旦大学出版社,2015.

[54] 温伯格.亚原子粒子的发展[M].贾谦,译.北京:科学技术文献出版社,1988.

[55] 戴志松,等.化学基石史略:化学概念、定律、学说的形成和发展[M].北京:科学出版社,1992.

[56] 朱云祖.有趣的化学[M].上海:少年儿童出版社,1982.

[57] 顾志跃.科学教育概论[M].北京:科学出版社,1999.

[58] 齐曼.知识的力量:科学的社会范畴[M].许立达,译.上海:上海科学技术出版社,1985.

[59] 张湘琴,孙琦厚,等.科学研究的原理和方法[M].沈阳:辽宁人民出版社,1986.

[60] 解恩泽.日本科学思想纵横论[M].济南:山东教育出版社,1992.

[61] 刘永振.科技思想方法的历史沿革[M].济南:山东教育出版社,1992.

[62] 斯诺.对科学的傲慢与偏见[M].陈恒六,刘兵,译.成都:四川人民出版社,1987.

[63] 浙江大学校友总会,浙江大学电教新闻中心.竺可桢诞辰百周年纪念文集[M].杭州:浙江大学出版社,1990.

[64] 中国科学院自然辩证法通讯杂志社.科学传统与文化:中国近代科学落后的原因[M].西安:陕西科学技术出版社,1983.

[65] 宣焕灿,刘金沂.揭开星光的奥秘:天文学探测方法[M].北京:科学普及出版社,1985.

[66] 尼查叶夫.元素的故事[M].滕砥平,译.上海:少年儿童出版社,1962.

[67] 北京科普创作协会.智慧的花朵:中外科学普及作品选[M].北京:北京出版社,1980.

[68] A.阿西摩夫.二十世纪的发现[M].卞毓麟,侯卉方,译.北京:北京出版社,1987.

[69] 陈庭珍.懂点科学[M].北京:国防工业出版社,1980.

[70] 高之栋.自然科学史讲话[M].西安:陕西科学技术出版社,1986.

[71] 孙其严,朱志良.中国当代科学家锦言[M].北京:科学出版社,1990.

[72] 戴利.继续探询:科学常识450题[M].姚惠娟,周静,译.北京:中国广播电视出版社,1988.

[73] 艾·阿西莫夫.外国名科学家小传[M].徐效民,译.北京:科学普及出版社,1982.

[74] 凯福尔斯,等.美国科学家论近代科技[M].范岱年,孟长麟,译.北京:科学普及出版社,1987.

[75] 中央人民广播电台科技组,科学普及出版社编辑部.科学家谈现代科学技术[M].北京:科学普及出版社,1979.

[76] 钱三强.重原子核三分裂与四分裂的发现[M].北京:科学技术文献出版社,1989.

[77] 《现代科学技术简介》编辑组.现代科学技术简介[M].北京:科学出版社,1978.

[78] 天津人民广播电台科技组.科学创造的艺术[M].北京:中国广播电视出版社,1987.

[79] 乔纳·莱勒.想象:创造力的艺术与科学[M]. 简学,邓雷群,译.杭州:浙江人民出版社,2014.

[80] 拉卡托斯.科学研究纲领方法论[M]. 兰征,译.上海:上海译文出版社,1986.

[81] 王树茂.科学实验[M].沈阳:辽宁人民出版社,1987.

[82] 钱三强.科坛漫话[M].北京:知识出版社,1984.

图书在版编目（CIP）数据

科学实验之旅 / 郭世杰编著. -- 杭州 ： 浙江教育
出版社，2019.12（2024.8重印）
中国青少年科学实验出版工程
ISBN 978-7-5536-9892-2

Ⅰ．①科… Ⅱ．①郭… Ⅲ．①科学实验一青少年读物
Ⅳ．①N33-49

中国版本图书馆CIP数据核字（2020）第019680号

中国青少年科学实验出版工程

科学实验之旅

KEXUE SHIYAN ZHI LÜ

郭世杰　编著

策　　划	周　俊	
责任编辑	刘晋苏	
营销编辑	陆音亭	
美术编辑	韩　波	
责任校对	李　剑	
责任印务	陈　沁	
出版发行	浙江教育出版社	
	（杭州市环城北路177号　电话：0571-88909724）	
图文制作	杭州兴邦电子印务有限公司	
印刷装订	杭州佳园彩色印刷有限公司	
开　　本	710mm×1000mm　1/16	
印　　张	13.75	
字　　数	275 000	
版　　次	2019年12月第1版	
印　　次	2024年8月第2次印刷	
标准书号	ISBN 978-7-5536-9892-2	
定　　价	38.00元	

如发现印装质量问题，影响阅读，请与本社市场营销部联系调换。
联系电话：0571-88909719